KB114852

알 고 찾 는

지
리
산

알고 찾는 지리산

펴낸날	2021년 11월 5일
지은이	신용석
펴낸이	조영권
만든이	노인향, 백문기
꾸민이	ALL contents group
펴낸곳	자연과생태
주소	서울 마포구 신수로 25-32, 101(구수동)
전화	02) 701-7345~6 팩스 02) 701-7347
홈페이지	www.econature.co.kr
등록	제2007-000217호

ISBN   979-11-6450-041-3 03980

신용석 ⓒ 2021

• 이 책의 일부나 전부를 다른 곳에 쓰려면
  반드시 저작권자와 자연과생태 모두에게 동의를 받아야 합니다.
• 잘못된 책은 책을 산 곳에서 바꾸어 줍니다.

알 고 찾 는

지리산

신용석 지음

자연과생태

지리산은 산 하나가 아니라 수많은 산이 모인 산의 연합체이다. 그래서 한반도 면적의 0.2%에 불과한 이곳에 한반도 생물종의 20%가 살고 있으며, 이런 생물이 다른 산과 강과 들판으로 퍼져 나가 백두대간과 한반도 생태계를 지탱한다. 그러니 지리산은 '생명의 산'이다.

과거 지리산은 기도처와 피난처로서 우리 민족의 아픔과 애환을 품어 주었고, 이제는 산에 기대어 사는 수십만 주민, 산을 즐겨 찾는 수백만 국민의 삶과 마음을 푸근하게 받아 준다. 그러니 지리산은 '어머니 같은 산'이다.

사람마다 지리산에 오르는 이유는 다를 것이다. 나는 전과 다른 나를 찾아서, 나를 들여다보고 세상을 들여다보고자 지리산에 들어선다. 거친 숨과 땀 끝에 몸무게가 가벼워지고, 티끌을 털어 내 마음의 무게도 달라지는 것은 비단 나뿐만이 아닐 것이다. 그러니 지리산은 들어서면 누구나 '지혜(智)가 달라지는(異) 산'이다.

레인저(ranger)라는 단어는 아직 우리나라 사람들에게 생소하다. 자연을 누비면서 사람과 생물, 환경을 보호하고, 순찰·안내·구조·해설 등의 서비스를 하며, 험한 자연에서 발생하는 위험 상황을 용기와 리더십을 발휘해 극복하는 일을 직업으로 삼은 사람인데, 아쉽게도 아직 우리말로는 딱 맞는 단어가 없다.

나는 33년을 국립공원 레인저로 살았고, 그 가운데 많은 시간을 지리산에서 보냈다. 노고단과 세석평전 훼손지 복구, 야생동물 생태계 조사, 반달가슴곰 복원, 자연생태계 보전계획 수립, 자연해설과 자원봉사제도 운영, 탐방안내소 기획·시공, 지역사회 협력, 지리산권 공동브랜드 개발 같은 업무를 추진하며 지낸 것은 큰 행운이었다. 특히 국립공원 지정 50주년과 새로운 반세기를 맞으며, 지리산국립공원에서 마지막 소임을 한 것은 더없는 영광이었다.

오지 않았으면 했던 퇴임식 후, 현역 레인저로 마지막 인사를 하고자 지리산 종주에 나섰다. 영하 20도쯤 되는 날, 천왕봉에 오르니

몸을 가누기 힘들 정도로 매몰차게 바람이 불었다. 시퍼런 지리산이 내게 '지리산의 아름다움과 생명력을 얼마나 보듬었는지, 지리산의 아픔과 가치를 사람들에게 얼마나 전달했는지' 물으며 심하게 책망하는 듯했다. 나는 고개를 수그리지 않을 수 없었다.

　　지리산에 관한 책을 쓰기까지 꽤 머뭇거렸다. 글에 대한 책임이 무거웠고, 공원관리자 시각이라 객관성과 공감대가 낮을 것을 염려했기 때문이다. 그러나 레인저의 시각으로 지리산을 이야기하는 것 또한 지리산을 사랑하고 아끼는 방식 가운데 하나라고 생각하며 용기를 내 보았다.

　　처음에는 '지리산 교과서' 같은 책을 쓰고 싶었으나 내 경험과 지식이 너무 짧아 그 수준에는 미치지 못했다. 다만, 지리산으로 여행을 떠나거나 지리산을 삶터, 일터로 삼는 분들이 지리산의 자연과 문화, 역사에 관한 기초 정보를 얻을 수 있고, 지리산 구석구석을 소개하며 공원관리자로서 느끼고 고민했던 일들을 전하는 책만큼은 될 수 있도록 애썼다. 나와 독자 분들이 가지는 공통점은 지리산을 이해하고 사랑하는 마음일 것이다. 그 마음을 바탕으로 지리산이 지리산답게 존재하고 존중받는 데에 이 책이 조금이라도 기여할 수 있기를 바란다.

어려운 시기에도 출간을 결정해 주신 자연과생태 조영권 대표님께, 부족한 글을 다듬어 세상에 내어 준 편집부 선생님들께 깊은 감사 말씀을 드린다. 또한 이 책에 실은 귀중한 사진과 그림을 내어 주신 분들께도 감사 말씀을 전한다. 지난 33년간 즐거움과 어려움을 같이 했던 선후배, 동료 분들의 헌신에 존경과 우정을 담아 인사드린다. 끝으로 가족 이정민, 신지환, 신석재에게 그리고 어머님께, 이렇게 국립공원 레인저로서의 인생을 마쳤다고 인사드린다.

2021년 11월 신용석

노고단
1,507m

반야봉
1,732m

토끼봉
1,534m

명선봉
1,586m

형제봉
1,453m

벽소령

덕평봉
1,522m

걷다

칠선봉
1,558m

영신봉
1,652m

세석평전

촛대봉
1,703m

연하봉
1,721m

장터목

제석봉
1,808m

천왕봉
1,915m

써리봉
1,688m

짧은 고행 끝에 누리는 긴 행복
지리산 종주길

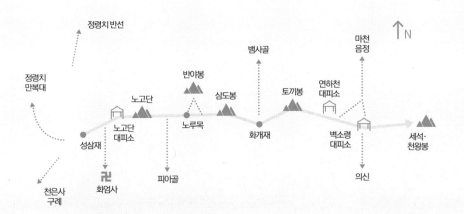

산을 좋아하는 국민이 참 많은 우리나라에서 많은 이가 로망으로 여기는 것이 지리산 종주이다. 변화무쌍한 기상과 풍경이 벌어지는 낮과 밤을 체험하며, 웅장하고 거친 대자연에 젖어서 이 악물고 종주를 하면 자부심과 성취감은 물론 몇 년간 써먹을 수 있는 무용담이 생기기도 한다. 지리산 종주길은 시작점으로 삼는 성삼재에서 천왕봉까지 28.1km, 또는 화엄사에서 천왕봉까지 32.5km, 그리고 하산 장소에 따라 5.4km(중산리), 7.5km(백무동), 13.2km(대원사 주차장)를 더 걸으며 크고 작은 봉우리 20여 개를 오르내리는 산길이다. 중간에 짧은 고행도 있겠지만, 길을 마치면서 다들 행복해하는 힐링 길이다.

화엄사나 성삼재에서 지리산 종주를 시작할 때, 서울에서 대중교통을 이용해 가장 일찍 닿는 방법은 용산역에서 밤 10시 45분 무궁화 열차를 타고 구례구역에 새벽 3시 5분에 내려, 대기 중인 3시 10분 버스를 타는 것이다.* 성수기나 주말에 탐방객이 많으면 서서 가야 하기 때문에 기차에서 내리자마자 뜀박질을 하는 '전문가'들이 많다. 이 버스는 구례터미널에서 3시 40분에 출발해 화엄사 입구에 한 번 정차한 후 깜깜한 고갯길을 휘저어 올라가 4시 10분경 성삼재에 닿는다. 기다란 배낭을 메고 화엄사 입구에 내리는 사람들은 '코가 땅에 닿을 만큼 경사가 급한' 코재를 거쳐 노고단으로 가는 '정통 종주객'들이고, 버스에 남은 사람들은 그런 첫 고생을 생략한 셈이다.

* 천왕봉 방향에서 종주를 시작하는 경우에 가장 일찍 도착하는 교통편은, 서울 남부터미널에서 밤 11시 59분에 출발하는 심야 버스를 타고 새벽 3시 10분경 원지에 내려, 택시를 타고 중산리(법계사-천왕봉) 또는 새재마을(치밭목-중봉-천왕봉)로 가는 방법이 있다. 금요일, 토요일에는 중산리까지 가는 버스가 밤 11시 30분에 출발해 새벽 3시 20분에 도착하는데, 성수기에는 서둘러 예매해야 한다. 동서울터미널에서 밤 11시 59분 버스를 타고 백무동에 새벽 4시에 내려 장터목을 거쳐 천왕봉을 오르는 방법도 있다.

13

지리산 관문 : 화엄사와 성삼재

　우리나라 최초로 국립공원 지정 운동을 벌인 구례에서 지리산으로 들어가는 관문은 화엄사지구다. 화엄사는 지리산에서 전각이 가장 많은 절로, 예전에는 헐렁하고 고즈넉한 풍경이었다. 국보 각황전과 사사자 삼층석탑이 유명하지만, 내게는 어떤 해설사가 '세계적인 기둥'으로 지은 세계적인 건축물이라고 설명했던 보제루가 더 각인되어 있다. 다듬지 않은 주춧돌의 들쑥날쑥한 표면에 맞추어 나무 밑동을 깎아 기둥을 올렸는데(그랭이 공법), 이런 '비과학적인 기둥'이 육중한 건물을 몇백 년간 끄떡없이 받치고 있는 것은 세상 어디에도 없는

화엄사 보제루 기둥

'과학적인 기둥'이라는 해설이었다. 지진이 나서 다른 일체형 기둥과 주춧돌은 무너져도 이 '짝 맞추기 식 기둥'은 좀 흔들리다 말 것이라고 했다. 그런데 이런 보제루가 국보와 보물보다 격이 낮은 지방문화재로 지정되어 있다니 격이 바뀌었다는 생각이다.

성삼재(1,102m)는 2,100년 전 마한의 한 부족이 달궁으로 피난을 와서 궁전을 세우고 성이 다른(姓三) 장군 세 명을 보내 남쪽 통로를 지키게 했다는 곳이다. 조용했던 지리산을 요란한 관광지로 만든 요인으로 성삼재 관통 도로와 주차장을 꼽는 사람이 많다. 환경을 중시하는 현시점에서는 비판적 시각이 많지만, 개발을 중시했던 30~40년 전에는 지역의 숙원사업이었다. 현재는 환경도 보전하고 지역경제도

노고단 전경

도모하자는 발상으로 셔틀버스, 케이블카, 산악 철도 등이 논의되고 있으나 이해관계자들 사이에 의견 차이가 커 합의에 이르지 못하고 있다. 가장 중요한 이해관계자는, 이 합의 과정에 참여하지 못하는 '지리산'일 것이다.

새벽에 성삼재에 내린 사람들을 맞이하는 것은 아래 세상보다 한껏 싸늘한 기온과 적막한 어둠 그리고 날씨에 따라 쉭쉭~하며 휘몰아치는 안개 바람이거나 깜깜한 밤하늘에서 쏟아지는 별 무더기이다. 어떤 경우에도 "역시! 지리산이군~, 오길 잘했어!" 이런 말들을 하는 헤드랜턴 행렬이 이어지다가 점차 속도 차이에 따라 랜턴 불빛들이 흩어진다.

지리산 일주문 : 노고단-노루목

별들이 자유롭게 뿌려져 마구 박힌 새벽 검정 하늘 아래에서, 어스름한 숲 가장자리를 걷는 호강을 누린다. 긴 굽잇길 모서리에서 바라본 화엄사와 구례 읍내에도 별들이 촘촘히 박혀 있다. 노고단대피소까지는 한 시간 이내의 짧은 오르막이지만 숨이 거칠어지고 등허리에 땀이 촉촉하다. 대피소 본채는 아직 잠자고 있지만, 취사장은 새벽 식사를 하는 사람들과 노고단 일출을 보려고 대기하는 사람들로 북적거린다. 라면과 누룽지 냄새 그리고 후르륵~ 쩝쩝~하는 소리가 대기

하는 사람들의 입속을 젖게 한다.

대피소라는 명칭에 시비가 많다. '대피'보다는 '숙박과 휴식' 성격이 강하니, 예전에 사용하던 '산장'이라는 명칭으로 돌려야 한다는 사람들이 있다. 예전의 산장은 '산에 있는 여관' 개념으로 먹고 떠들고 마시는 유흥 시설에 가까웠다. 산장마다 고성방가에 술 먹고 다툼에, 음식 쓰레기가 넘쳐나고 곳곳에 배설물 냄새가 진동했다. 그래서 산장이라는 명칭을 대피소로 고치고, 조리 음식과 술 판매를 금지했다. '대피소'라는 말을 위기 상황이 발생했을 때는 물론, 체력 소모에 대비해 안전을 확보하는 장소로 받아들이면 좋겠다.

대피소에서 노고단 고개까지 짧은 돌길을 숨차게 올라 건너편 반야봉과 재회하고, 노고단 정상(1,507m)에 올라 노고 할매를 기리는 돌탑에 섰다. 노고단(老姑壇)은 '노고(老姑, 할머니)에게 제사를 지내는 곳'을 뜻한다. 삼국 통일을 이룬 신라는 지리산 천왕봉에 신라의 산신인 선도성모(仙桃聖母)를 모셨고, 신라를 무너뜨린 고려는 신라와는 다른 나라임을 알리고자 경주에서 먼 노고단에 산신을 모셨다.

노고단은 천왕봉, 반야봉과 함께 지리산 3대 봉우리로, 노년기 지형의 평탄한 고원 초지가 매우 아름답게 펼쳐져 있어 예부터 지리산의 대표 경관으로 손꼽혀 왔다. 천왕봉 쪽의 검은 능선에 빨간 테두리가 생기며 여명이 다가오고, 여의주 같은 붉은 태양이 회색 구름 사이로 문득문득 나타날 때마다 사람들이 와~하는 탄성을 지른다. 태양빛에 물들어, 만복대를 비롯한 서북능선과 토끼봉을 위시한 종주능선이 마치 이불을 걷어 내듯 붉은 몸체를 드러낸다. 황소의 울뚝불뚝한 등허리가 기지개를 펴는 듯하다. 남쪽 섬진강과 구례 벌판은 구름에 잠겨 왕시루봉 능선만 우뚝하고, 멀리 무등산과 월출산 봉우리가 아득하다. 360도를 뺑 둘러 장관 아닌 곳이 없다.

　　이토록 아름다운 곳이지만 한때 노고단은 황무지나 다름없었다. 고지대라 기후가 서늘하고 풍경이 멋지다 보니 1925년부터 외국인 선교사들의 휴양촌이 건설되었고, 이때부터 노고단 원형은 훼손되기 시작했다. 해방 이후 여순 사건과 한국 전쟁을 겪으면서 휴양촌 건물과 초목이 불탔고, 1960~1970년대에는 벌목과 희귀 수목 반출이 성행해 과거에 많았다고 하는 주목과 구상나무 군락이 거의 사라졌다. 이후로도 KBS 송신탑 설치, 군부대 주둔 등으로 노고단 정상부가 훼손되었으며, 1980년대부터는 급격하게 탐방객이 증가하면서 노고단은 급기야 풀 한 포기 자라기 어려운 황폐지로 전락하고 말았다.

노고단 정상부 복원 과정

복원 전

복원 중

이에 1990년대부터 자연휴식년제를 적용해 사람 출입을 막고, 본래 지형 골격을 복원한 후 자생 식물 씨앗을 뿌리고 거름흙을 덮는 등 훼손지 복구사업을 지속하기를 10년, 20년, 노고단은 드디어 과거 아름다운 풍경을 회복했다. 사람 때문에 훼손된 흙과 풀밭이 되돌아오는 데에 20여 년이 걸린 셈이다.

이제 '구름 위 꽃밭'이라 불리는 노고단은 자연복원의 성지가 되었다. 자연의 복원력과 사람의 정성이 빚어 낸 재창조물이다. 언젠가는 송신탑 시설도 철거해 온전한 옛 노고단으로 되돌려야 한다. 이런 과거와 미래를 모르는 사람들이 탐방로를 벗어나 '가냘픈 식물들을 밟고' 카메라 포즈를 취하는 것을 타이르면, 이 큰 산에서 자기 발자국 하나가 무슨 대수냐는 표정이 대부분이다. 그 사람들의 큰 몸뚱이에서 아주 작은 점에 주사기를 찔러 주고 싶다.

노고단 정상에서 내려와 노고단 고개에서 종주능선을 바라보

복원 후

면, 마치 이곳이 절의 일주문처럼 느껴진다. 이제 지리산이라는 큰 절에 본격적으로 들어서는 것이다. 고개를 내려서면 금방 숲 터널이고, 컴컴한 숲길을 빠져나오니 햇볕 가득한 능선길이다. 나무뿌리와 낙엽을 파헤친 멧돼지 흔적이 여전한 돼지령을 지나, 곳곳에 쓰러진 구상나무 거목에 안타까워하며 피아골삼거리를 지나면 곧 임걸령(1,432m)이다. 샘물이 많은 지리산에서도 가장 맛 좋고 양이 풍부한 이곳에서 임걸이라는 산적이 샘물을 독점하고 판을 쳤으리라 상상해 본다. 샘물이 흘러드는 습지에 동의나물 노란 꽃이 가득하다. 지리산에 색을 정한다면 노란색이 좋겠다. 수많은 생명이 끊임없이 태어나고 죽는 지리산에 따뜻한 평화가 오래가기를 바라는 마음에서다.

노고단 생태계가 복원되면서 먹잇감을 찾는 황조롱이도 찾아왔다.

임걸령 직후 이어지는 길고 짧은 오르막을 오르며 노루도 숨을 골랐을 노루목 쉼터에서 사람들은 갈등한다. 그대로 종주를 이어 가느냐, 아니면 여기서 1km 비켜 있는 반야봉을 다녀오느냐를 결정해야 하는데, 대부분은 천왕봉 21km라고 쓰인 이정표를 핑계로 갈 길이 멀다며 직진한다. 반야봉을 오르면 곧 반야봉과 삼도봉으로 갈리는 삼거리가 나오고, 오늘도 여기에 기다란 배낭 몇 개가 가지런하다. 몸을 가볍게 해서 반야봉을 올라간 산꾼들 것이다. 그러나 배낭은 항상 메고 다니는 것이 원칙이다. 반야봉 주변에 갑자기 기상 변화가 있을 수도 있고, 서둘러 내려서다 뒤로 미끄러져 허리를 다칠 수도 있다.

노고단 일출

급경사 바윗길과 데크 계단이 이어지는 된비알 두 단을 치고 올라간 반야봉 정상(1,732m)은, 멀리서 보나 가까이서 보나 펑퍼짐하긴 마찬가지다. 지난번 산행에서는 구름이 잔뜩 끼어 날씨 좋을 때 다시 오라는 뜻인가 보다 했더니, 과연 오늘은 파란 하늘 아래에 녹색 풍경이 가득하고, 멀리 천왕봉 실루엣은 하늘빛에 젓어 푸르스름하다. 천왕봉은 내가 제일 높다고, 반야봉은 내가 제일 중심에 있다고, 그렇게 물러서지 않고 영원히 마주보고 있다. 이곳 반야봉 옆의 쌍둥이 봉우리 이름도 중봉으로, 천왕봉 옆의 중봉과 이름이 같으니 반야봉, 반야2봉으로 이름을 바꾸는 게 어떨지 생각해 본다.

반야봉에서 중봉 방향으로 출입 금지 안내판과 차단 시설이 단단히 설치되어 있는데, 이곳을 넘어서면 묘향대와 이끼폭포로 가는 '불법' 샛길이다. 왜 사람들은 '금지, 차단, 불법' 이런 단어를 보면 꼭 그곳을 넘어서고 싶어 할까? 그런 마음이 생기더라도 이곳만큼은 참아 주기 바란다. 좁고 험한 길에 낙엽이나 눈이 쌓이고 안개가 깔리면 길 흔적이 없어져 조난 사고가 많이 나는 곳이다. 그리고 반달가슴곰이 좋아하는 서식지이기도 하다. 언젠가, 스님이 안 계셨던 묘향대 암자에 들어가 벽에 발톱 자국을 내고, 벽장과 부엌에서 먹을 것을 뒤지며 난장판을 벌였던 반달가슴곰도 있었다. 반야봉과 중봉 일대 숲에는 구상나무, 주목, 소나무 등이 어울린 오래된 침엽수 군락도 있다. 이런

반야봉 옆 중봉 구상나무 거목

반야봉 너머로 보이는 낙조

곳은 온전하게 보전해야 하는데, 몰지각한 사람들이 마구 출입한 흔적과 야영 자국이 뚜렷해 불안불안하다.

다시 노루목으로 내려와 반야봉 허리를 돌면 곧 삼도봉(1,499m)이다. 과거의 낫날봉, 날나리봉이라는 이름이 더 정겹게 들렸지만, 경남·전남·전북의 경계점이라 해서 점잖게 삼도봉이라 작명했다 한다. 산 밑의 도 경계에는 저마다 자기 행정구역의 힘을 과시하려고 여러 표지판이 난립하지만, 이곳만큼은 무릎 높이의 화살촉 모양 상징물이 유일하다.

삼도봉에서 550계단이 넘는, 지리산에서 가장 긴 데크 계단을 걷다 보면 슬슬 내려가는 사람도 올라오는 사람도 원망이 대단하다. 그러나 만일 이 계단이 없었다면 사람들 발길에 마구 파였던 이 길은 폭포처럼 급한 계곡이 되어 계속 무너져 내렸을 것이다. 나는 원망하지 않고, 옛적에 남원 산내 사람들과 하동 화개 사람들이 물물 교류를 했던 화개재(1,315m)에 이른다. 화개재에서 뱀사골 쪽으로 대피소를 다시 건립하자는 의견도 있고, 화개 쪽으로(목통골) 등산로를 재개방하자는 요구도 있는데, 시설 하나를 늘리면 이는 곧 나비 효과처럼 지리산 전체에 영향을 미치기 마련이어서 신중에 신중을 기해야 한다.

푸른 달빛을 찾아가는 길 : 토끼봉-연하천-벽소령

화개재에서 토끼봉(1,534m)까지 기나긴 오르막을 낑낑깽깽 오르다 양지바른 바위에서 잠깐 숨을 고르려 하니 동그랗게 똬리를 튼 굵은 살모사가 그냥 가라고 삼각형 고개를 들어 혀를 날름거린다. 하마터면 엉덩이를 물릴 뻔했다. 겉으론 무표정하게, 속으론 움찔하면서 자리를 피하다가 돌아다보니 살모사도 불안했는지 바위틈으로 쓰윽 몸을 숨긴다. 우리 둘 다 일광욕을 포기하고 목숨을 보전한 현명한 처사였다.

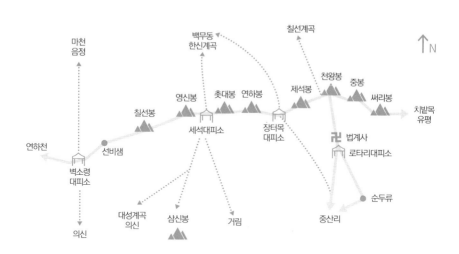

조금 더 가다 보니, 나이 지긋한 대여섯 명이 '출입 금지' 표지판을 넘어가 뭔가 작업을 하고 있다. 그냥 지나가지 못하고 "나와 주십시오!" 했더니 나물 봉지를 한 움큼 쥔 분들이 내 행색을 훑으며 나올까 말까 망설인다. 사복 차림인 나에게 그들을 나오라 말할 권리가 있는지 생각하는 듯한 그들에게 "벌금 갖고 오셨습니까?" 했더니, 그제야 주뼛주뼛 탐방로로 나온다. 내 경험상, 잘못을 빨리 인정하지 않는 이런 사람들은 내가 떠나면 '불법 식물 채취'를 계속할 것이다. 뒤에 오는 탐방객 중 누군가가 같은 지적을 해 주어야 한다.

성삼재에서 12km 이상 여러 고갯길을 걸어온 사람들에게 마지막 1km는 피로도가 높아지고 속도가 떨어지는 구간으로, 금방 나올 것 같은 연하천대피소는 좀처럼 나타나지 않는다. 임걸령에서 보충한 식수가 떨어질 때쯤 명선봉(1,586m) 못 미쳐서 총각샘이라는 샘이 있는데, 탐방로를 벗어난 곳에 숨어 있어 아는 사람이 많지 않다. 총각샘이란 이름이 좋아서 가끔 들려 보면, 어김없이 취사를 하거나 비박을 하는 '불법 전문가'들을 만나는 곳이기도 하다. 총각샘이란 산뜻한 이름이 무색하게 주변은 온갖 음식 찌꺼기와 부스러기로 너저분하고, 꼿꼿하고 파릇해야 할 풀들이 짓이겨져 있거나 뽑혀 있다. 그 풀들은 고산 지대 희귀식물일수도, 법으로 보호받는 멸종위기 식물일 수도 있다. 불법 전문가들은 자기들이 한 게 아니라고, 절대 그런 형편없는 사람들이 아니라고 강변하면서, 슬쩍 불룩한 배낭을 몸으로 가리며 여민다.

아늑한 숲속 빈터에 자리한 작고 예쁜 연하천대피소(1,440m)에 닿았다. 종주를 자주 하는 사람들은 규모가 큰 다른 대피소보다는 이곳 연하천이나 치밭목처럼 소형 대피소를 선호한다. 그만큼 조용하고 운치가 있다. 과거에 코를 막고 들어가던 화장실도, 옆 사람과 딱 붙어 칼잠을 자던 좁은 침상도 이제는 민원이 거의 없을 정도로 개선되었다.

연하천(煙霞泉) 일대는 물길이 많아 주목을 비롯한 습지식물이 많이 자생한다. 날로 건조하고 뜨거워지는 기후변화 시대에 이런 습지는 온도 변화에 취약한 야생 동식물이 마지막까지 버티는 피난처가 되고, 생태계 복원의 씨앗 터가 된다. 연하천에서 삼각고지까지 소풍길 같이 쉬운 길을 지나, 몇 군데 포인트에서 천왕봉을 조망하며 돌길을 내려서면 길쭉하고 두꺼운 형제봉(1,452m) 바위가 나타난다. 큰 바위와 작은 바위의 조합인 이 바위를 함양 사람들은 부자암(父子岩)으로 부르기도 한다.

벽소령대피소

눈에 익은 돌밭 길을 지나 벽소령대피소(1,340m)에 안착했다. 벽소령에 밤이 깊어 '깊은 밤 시리도록 푸르스름한 달빛'이라는 벽소명월(碧霄明月)을 오늘은 볼 수 있을까 기대했지만, 흐릿한 오늘도 그런 호강은 할 수가 없다. 도대체 몇백 번을 와야 볼 수 있을까? 산꼭대기 대피소에서 잘 때마다 웅웅거리는 바람 소리가 심란했는데, 언제부턴가 자장가가 되었다.

벽소령대피소의 아침은 마치 새벽 시장의 끝물처럼 파장 분위기이다. 깊은 잠을 잤거나 억지로 눈을 붙이고 있었거나 '대피'가 끝난 탐방객들이 부지런히 갈 길을 나선다. 밤새 끙끙대고 앓던 사람, 다리를 절룩대는 몇 명은 바로 하산 길을 택한다. 남쪽으로 삼정마을, 북쪽으로 음정마을이 2~3시간 거리에 있다.

벽소령을 출발하며 남쪽을 내려다보니 가까이 의신계곡, 멀리 섬진강과 백운산 위로 거친 구름바다가 파도처럼 넘실넘실하다. 구름이 넘쳐 산과 산의 틈을 메꾸며 '구름 강'이 흐르고, 호수를 이룬다. 아무 때나 볼 수 없는 장관이다.

덕평봉을 오르기 전의 작은 빈터에 구상나무 묘목을 심어 야영과 비박을 막고자 한 곳이 있는데, 이 지점은 과거에 경남 함양군 마천면과 전남 하동군 화개면을 잇고자 계획되었던 벽소령 관통 도로의 정점이기도 하다. 이 사업은 산꼭대기 부근에서 중단되었지만, 이 도로를 제대로 개설해야 한다는 일부 지역 인사들의 주장은 중단되지 않았다. 지리산을 동강 내는 도로 계획이 다시 추진되는 일은 없기를 바란다.

당신도 할 수 있어요! : 세석평전-촛대봉

평탄한 오르막을 올라 덕평봉 아래 선비샘(1,456m)의 낮은 물구멍에서 물 한 모금 마시려고 '선비처럼' 고개를 숙인다. 30년 전쯤 이곳에 처음 왔을 때에는 선비샘이 아니라 쓰레기샘일 정도로 음식쓰레기가 널려 있었다. 그런 쓰레기가 가득했던 무분별한 야영지들은 이제 식물 복원 장소가 되어 본래 모습으로 돌아가고 있다.

선비샘에서 30분쯤 걷기에만 열중할 수밖에 없는 오르막 끝에 사방이 탁 트인 1,564m 전망 터에서 카메라 셔터를 눌러댄다. 천왕봉까지의 능선길이 훤하게 보이는 뷰포인트이다. 이어서 짧은 내리막 끝에서 일곱 선녀가 서 있는 칠선봉(1,558m)에 이른다. 어떤 내공을 쌓아야 이 거칠고 길쭉한 바위들이 선녀로 보인다는 걸까! 선녀 대신에, 산 아래에선 이미 오래전에 자취를 감춘 얼레지와 개별꽃, 현호색 군락이 서늘한 그늘 밑에서 늦봄을 붙잡고 쌩쌩하다. 그런 식물들의 강한 생명력이 지나가는 사람들에게 힘을 준다. "당신도 할 수 있어요!"

세석대피소에 이르는 마지막 긴 오르막, 한 번은 쉬어야 하는 기다란 데크 계단을 힘겹게 올라선다. 이어서 탐방로 옆에 뾰족하게 서 있는 좌고대에 올라 먼 풍경을 아슬아슬하게 일견하고 나아가면 곧 영신봉(1,651m)이다. 지리산국립공원의 동·서축 능선에서는 대략 벽소령이 중심이지만, 풍수지리에 능하고 도를 닦았던 사람들은 영신봉을 지리산의 정신적 중심으로 본다. 예전에 무속인과 기도하는 사람

세석평전-촛대봉 철쭉 군락 © 김덕성

들이 뻔질나게 드나들며 자리다툼을 했다는 영신봉 하단의 영신대에 갔을 때 어떤 인문학자는 여기만 오면 특별한 기운을 느낀다 했고, 어떤 직원은 머리가 '뽀개질' 듯한 느낌을 받는다 했다. 나만 그런 기운을 느끼지 못한 건지 고개를 갸우뚱했지만 주변 지형지세가 뭔가 색다른 것은 분명했다.

영신봉에서 남쪽으로 길게 뻗어 내린 지리산남부능선(낙남정맥)이 청학동과 쌍계사 방향으로 갈리는 분기점을 삼신봉(三神峰)이라 부르는 것도 예사롭지 않다. 천왕봉과 반야봉의 기운이 영신봉에 모여, 여기서 삼신봉으로 기운을 흘려 내린 듯한 산맥 지형이다. '청학동'으로 거론되는 대부분의 장소가 삼신봉에서 뻗어 내린 산자락 밑에 있다. 영신봉과 영신대의 이런 신령스러움과는 달리 기도하러 온 많은 사람이 토굴과 움막을 짓고, 촛불과 장작불을 피우고, 바위틈마다 술병을 비롯한 쓰레기를 끼워 놓는 등 문제가 많았다.

영신봉에서 촛대봉과 세석평전의 우람하고 탁 트인 고원을 바라보는 것은 마치 알프스 초원을 보듯 이색적이다. 세석평전의 사계절은 사색(四色) 향연이다. 진분홍빛 진달래와 연분홍빛 철쭉이 산의 졸음을 깨우는 봄, 옅은 연두색에서 짙은 초록으로 덧칠되며 생명력이 왕성한 여름, 가만히 사색하며 바라보게 되는 갈색 가을 그리고 '눈이불'이 초목을 덮어 잠재우는 순백의 겨울이 '커다란 경관'에 가득하다.

촛대봉과 영신봉 사이에 걸친 세석평전(細石平田)은 해발 1,500~1,700m 고원 지대에 있는 약 30만 평짜리 평원이다. 우리말로 하면

1980년대 세석평전 철쭉제 풍경. 철쭉보다 텐트가 더 많아 보인다.

1994년. 과도한 이용으로 망가진 세석평전

'잔돌밭'이지만 큰 바위가 오랜 기간 풍화 작용으로 쪼개져 생겼을 이 잔돌들은 흙과 풀에 묻혀 현재는 보기 어렵다.

신라 시대 때는 화랑이 수련장으로 이용했고, 산꼭대기인데도 논밭을 일굴 정도로 평탄하고 물이 많아 예부터 걱정 없이 살 수 있다던 청학동의 한 곳으로도 거론되어 왔다. 그러나 한국 전쟁 전후로는 빨치산의 근거지이자 격전지였고, 이후에는 과도한 야영이 이어지고 철쭉제까지 열리면서 크게 황폐해졌다. 주변 환경이 심각하게 훼손되자 1980년대 중반부터는 이곳에서 야영을 금지하고, 철쭉제를 중지한 후 훼손지 복구사업을 실시했다. 그 결과 다행히 본래 모습을 많이 회복했으나 아직 곳곳에 상흔이 있다.

2020년 여름. 25년 전 생태 복원을 했지만, 아직 상처 자국(가운데 색이 옅은 부분)이 완연하다.

세석대피소에서 촛대봉을 오르는 중간에 있는 습지 데크를 둘러본다. 25년 전, 촛대봉까지 무분별하게 난 여러 갈래 등산로를 한 갈래로 정리하고 나머지 길을 복구하면서 경사가 완만하고 토양이 축축했던 이곳의 물길을 막아 습지도 복원되기를 기대했었는데, 드디어 습지식물인 동의나물과 왜갓냉이, 골풀과 이끼류가 빼곡하게 자랐다. 훼손된 자연도 정성으로 돌보면 언젠가는 복원된다. 다만 시간과 돈이 들고, 무엇보다도 사람들의 배려가 있어야 한다.

　　멀리서 보면 촛대처럼 뾰족하지만, 가까이 보면 여러 개 바위가 성(城)이 무너진 듯 모여 있는 촛대봉(1,703m)은 종주능선 최고의 전망대이다. 동쪽으로 제석봉과 천왕봉이 손에 잡힐 듯 가깝고, 서쪽으

세석평전과 반야봉 ⓒ 조점선

로 세석평전의 광활한 초원 위로 토끼봉과 반야봉, 왕시루봉, 노고단, 서북능선 등 지리산 원경이 아련하다. 여기서 바라보는 지리산 일출은, 천왕봉에서 지리산 바깥을 바라보는 일출 못지않게 장엄하다. 촛대봉에서 남쪽 방향 도장골계곡은 생태계 보호를 위한 출입 금지 구역이다. 산 밑에서는 쉽게 접근하기 어려운 그곳에 야전 병원을 차려 잠시나마 몸을 추슬렀다는 빨치산들의 애환을 상상해 보고, 빽빽한 숲 아래 바위 밑 청학연못에서 행복을 꿈꾸었던 도인과 피난자 들을 생각하면 왜 지리산을 포용의 산이라 하는지 알 듯하다. 지난해에 촛대봉 남쪽 바위에서 큰 뿔을 세우고 긴 수염을 날리며 늠름하게 서 있던 늙은 염소는 해를 잘 넘겼을까 궁금하다.

촛대봉에서 본 늠름한 염소

촛대봉에서 바라본 천왕봉

촛대봉에서 바라본 지리산 자락 ⓒ 조점선

북적거리고 끙끙거리고 : 연하봉 – 장터목–제석봉

촛대봉을 내려서서 가벼운 내리막 오르막을 반복하다 보면 다
소 밋밋한 연하봉(1,730m)에 이른다. 여기서 보는 곱고 예쁜 풍경, 편안
하고 나른한 고원을 지나면 방송 멘트와 사람들 목소리가 들리기 시
작한다. 장터목대피소(1,653m)에 가까워졌다는 뜻이다. 이제 천왕봉까
진 불과 1.7km이고, 여기서 백무 동(5.8km)과 중산리(5.3km)까지 하산
길은 3시간 이내이다. 장터목 전망대에서 반야봉 방향으로 망망한 하
늘과 맞닿은 첩첩한 산자락의 실루엣이 펼쳐진다. 이곳의 불콰한 해넘
이도 아름답고, 안개 끼고 비바람 몰아치는 풍경도 야성미가 있다. 장

장터목에서 반야봉 사이의 겨울 구름바다 ⓒ 허성

터목은 역사적으로 '사람들이 모이는' 목(牧)이다. 예전에 남쪽 산청과 북쪽 함양 사람들이 올라와 물건을 사고 판 장터였고, 지금은 천왕봉 길목의 사거리에 위치한, 대한민국에서 가장 북적대는 대피소가 있는 곳이다.

대피소 예약은 국립공원공단 예약통합시스템(reservation.knps. or.kr)에서 원하는 날짜의 15일 전에 하는데, 성수기 주말에는 거의 하늘의 별 따기이다. 예약 사이트에 들어가 0시가 되자마자 클릭을 해도, 전국에서 동시 클릭을 하기 때문에 당첨되기가 쉽지 않다. 일부 단체나 여행사에서 많은 인력을 동원해 동시 클릭을 하는 날짜에는 더욱 어렵다. 성수기를 피해, 성수기라도 주말을 피하면 대피소 예약은 그리 어렵지 않다.

지리산의 여러 대피소 중에서 장터목대피소 식당이 이용자 수를 대비할 때 가장 협소하다. 그래서 서로 다닥다닥 붙어 음식을 조리하고 그 자리에서 식사를 하는 바람에 모든 음식 냄새가 뒤섞인다. 혀로 느끼는 맛은 각각 다르지만 코로 맡는 냄새는 다 같을 정도이다. 다음날 천왕봉 등정을 마지막으로 하산하기 때문에 가져온 음식을 다 쏟아 붓는 조리가 많고, 옆자리에 붙은 사람들끼리 음식을 나누는 '맛교환'도 많아 과식이 많다. 물병에 담아온 하얀 술을 눈치 보며 마시는 행위가 완전히 근절되지 않았지만, 음주 금지 조치 뒤에 음주자는 90% 이상, 과음은 95% 이상 감소한 것으로 보인다. 따라서 과음에 따른 충돌이나 불편이 그만큼 감소했고, 술 안 드시는 분들의 만족도가 그만큼 높아졌다.

　　장터목대피소에서 자는 사람들의 대부분은 화엄사나 성삼재에서부터 26km 이상을 걸어온 종주객들로, 그들의 끙끙대는 신음 소리와 잠꼬대, 이 가는 소리와 코 고는 소음에 잠 못 이루는 사람들이 많다. 천왕봉 일출을 보려면 적어도 일출 한 시간 전에는 출발해야 하므로 이래저래 깊은 잠을 자기 어렵다. 그래서 더 추억할 거리가 많은 곳이기도 하다.

　　장터목에서 천왕봉으로 향하는 첫 오르막은 경사가 급하고 단차가 높은 돌계단으로, 오르는 사람도 금방 끙끙거리고, 내려오는 사람도 무릎이 꺾이지 않도록 조심조심해야 한다. 10분 정도 오르면 가쁜 호흡 끝에 서서히 경사가 완만해지며 제석봉(1,808m) 정상이 가까

1960년대 제석봉 고사목 군락

워진다. 주변에 이따금 서 있는 외로운 고사목이 지리산의 아픔을 대변하는 듯하다. 본래 이곳에는 구상나무, 가문비나무, 잣나무 등이 빼곡했으나, 고사목만을 벌채하겠다고 허가를 받은 사람들이 살아 있는 나무를 마구 베었다. 이 일이 문제가 되자 도벌 흔적을 없애려고 살아 있는 나무를 비롯한 모든 나무에 불을 지른 어처구니없는 사건이 발생한 이후로 이곳은 고사목 군락이 되었다. 이후 그 고사목도 '멋있다고' 마저 잘리고, '멋없던' 고사목도 강풍으로 넘어져 이제는 옛 풍경이 거의 사라졌다. 다만 20여 년 전부터 고사목의 후계목으로 심은 구상나무 중 일부가 정착해 차츰 키를 높이고 있어 미래의 제석봉이 과거와 비슷하게 복원되기를 기대해 본다.

2020년 제석봉

45

하늘과 땅이 가장 가깝게 맞닿은 : 천왕봉

'하늘로 올라가는 문'이라는 뜻인 통천문 바위 구멍을 통과해 데크 계단 두 개를 올라서면 멋진 가문비나무 거목 두 그루가 수문장처럼 버티고 서서 표표한 고산 풍경을 연출했는데, 이번 산행에서 보니 한쪽 고사목 반절이 부러지고, 나머지 나무도 가지 몇 개가 부러져 옛 위용을 찾을 길 없어 안타깝다. 균형을 잃은 그들의 나머지 몸도 전과 같지 않을 것이다. 생의 후반기에 있는 내 몸과도 비슷하다.

짧은 깔딱 고개를 올라 칠선계곡으로 빠지는 포인트를 지나고, 이제 드디어 천왕봉(1,915m)이다. 한반도에서 하늘과 땅이 가장 가깝게 맞닿아 천상과 천하의 기운이 통하는 곳이다. 거칠 것 없이 탁 트인 사방으로 지평선 위 하얀 구름 띠, 운평선(雲平線)이 더욱 아득하다. 서쪽 방향으로, 종주를 시작했던 노고단과 서북능선의 점과 선을 바라보면서 나를 이곳까지 옮겨 준 지리산에 감사하며 경외감을 느낀다. 천왕봉 시선에서 우러러야 할 산은 하나도 없다.

오늘 이 대한민국의 꼭대기는 단체 산행을 온 청소년들의 낭랑한 목소리로 웅성웅성하다. 삼삼오오 정상

통천문 위를 지키는 가문비나무

의 표지석에 모여 인증샷을 찍는 아이들을 바라보니 불현듯 무라카미 하루키의 소설에 나오는 소년, '해변의 카프카'가 생각났다. 집을 나가, 어른의 현실 세계와 자기 내면 세계의 끝까지 갔다가 성숙한 소년이 되어 돌아가는 카프카. 오늘은 해변이 아니라 지리산 천왕봉에 많은 카프카가 있다.

　천왕봉에서 늘 안타깝게 생각하는 것은 이곳에서 천 여 년간 지리산의 역사와 애증을 지켜보았을 성모석상(聖母石像)*을 돌려놓지 못하고 있는 것이다. 이 석상은 왜구가 칼부림해 목에 상처를 입고, 종교적 이유로 사람들이 산 밑으로 굴러 떨어트렸으며, 얼굴과 몸통이 분리되어 방치되는 등 수난이 있었다. 사람들의 의식 수준과 다른 종교에 대한 존중심이 높아진 현재, 이 위대한 문화 상징물을 제자리에 돌려놓아 천왕봉의 역사적 위용을 복원했으면 하는 간절한 바람이다. 이 석상을 보관하고 계시는 분께는 큰 상을 드리고, 복원 이후에는 이 석상의 격을 현재의 도지정문화재에서 보물 또는 국보로 승격해 문화적 가치에 걸맞은 품격을 갖추어 안전하게 보존했으면 한다.

　천왕봉 주변에는 사람 발길로 씻겨 나간 흙을 보충하고 야생식물을 이식한 후 대나무 말뚝을 여러 개 박아 사람 출입을 막는 훼손지 복구 현장이 많다. 일부 지점에는 여전히 사람 출입 흔적이 많지만, 일부 지점에서는 연약한 새싹들이 돋았다. 자연에서 사람은 엘보우 룸(elbow room), 즉 팔꿈치를 돌리는 정도의 공간 안에서만 자유로워야 하고, 그 바깥은 자연의 공간이라 했던 문장이 생각났다.

---

* 성모석상은 ① 신라 시조 박혁거세의 어머니 ② 고려 태조 왕건의 어머니 위숙왕후 ③ 석가모니의 어머니 마야부인 ④ 팔도(八道) 무당의 시조라는 설이 있다.

중산리 방향으로 하산하기 전에 동쪽으로 중봉(1,875m)과 그 너머의 치밭목 길을 일견한다. 중봉은 높이로 따질 때 지리산의 2인자이지만 천왕봉 바로 옆에 있어 이름을 날릴 수 없는 불쌍한 봉우리이다. 치밭목을 거쳐 무재치기 폭포를 바라보고 유평으로 내려서는 길은 지리산에서 가장 자연스럽고 고즈넉한 탐방로이며, 화엄사에서 대원사까지 화대종주를 하는 사람들에게는 지리산의 이름처럼 '지리한' 하산길이기도 하다.

최근에 화대종주를 뜀박질로 달리는 마라톤 행사가 있었는데 이는 잘못된 지리산 탐방 방식이다. 사람을 피해 탐방로 주변을 마구 헤집고 다녀 자연이 훼손되고, 조용히 다니는 탐방객에게 위화감과 불안감을 주기 마련이다. 험준한 산길을 오랜 시간 뛰는 것은 참가자 자신에게도 위험한 것은 물론이다.

성모석상(중산리 천왕사) ⓒ 최문욱

천왕봉 일출

천왕봉 여명

로타리대피소 – 순두류 – 중산리

　이제 중산리까지 내리막만 있는 하산길이다. 천왕봉에서 천왕샘 사이의 길고 급한 계단에서 올라서는 사람과 내려가는 사람의 표정이 극명하게 갈린다. 천왕샘 바위틈에서 졸졸 나오는 석간수 한 모금이 지리산 종주로에서는 마지막 자연수이다. 장거리 등산로에서 종점으로 내려가는 길에서는 대부분 다리 힘이 빠져 흐느적거리는 뒤태가 많다. 이때 발목이 접히고 무릎이 꺾이고 헛발을 딛는 등 사고가 많다. 그렇지만 내 앞을 걷는 70대 내외의 고령 종주객들은 아직 발걸음이 당당하다. 그분들의 성공 요인은 쉬엄쉬엄 요령 있게 가는 '슬로우 탐방, 잦은 휴식'이다. 그 와중에 거의 발을 움직이지 못하시는 분을 서너 명이 부축하고 내려서는 아름다운 동행도 있다.

　천왕봉에서 2km 급경사 길을 내려가면 우리나라에서 가장 높은 곳에 위치한(1,450m) 사찰 법계사에 이른다. 이곳에서 눈길을 끄는 것은 천왕봉 밑 해발 1,600m 산자락에서 뽑아내 이곳에서 전시하는 철심이다. 무게가 80kg 이상으로 마치 로켓 포탄처럼 생긴 이 철심은 일제 강점기 때 지리산 정기를 끊으려고 박았던 것으로 추정한다. 법계사 아래 로타리대피소 앞마당에서 잠깐 쉬고, '순탄한 두류산(지리산)'이란 뜻의 순두류계곡으로 살살 내려서면 드디어 지리산 종주로의 종점에 도착한다. 이곳에서 셔틀버스를 기다리는 사람들의 표정에 목표를 완수한 느긋함과 산행에 지친 나른함이 함께 묻어 있다. 중산리에 내려와 고개를 치켜들고 천왕봉을 우러러보니 마치 성당의 높은 돔과 같다. 나는 존경심을 표했지만 천왕봉은 무덤덤하다.

성삼재에서 순두류까지 33km, 1박 2일간 많은 풍경과 재회하고, 많은 사람을 새로 만났으며, 많은 장소에서 지난 33년의 기억을 더듬었다. 같은 산을 수백 번 다녀 눈 감고도 훤하다는 말은 거짓말이다. 산은 늘 진화하고, 산을 휘감는 계절과 기상은 언제나 변화무쌍하며, 나도 항상 바뀌니 단 한 번도 같은 상태의 산과 마주한 적이 없다. 백 번을 와도 늘 처음 대하는 지리산이어서 종점에 온 사람들 대부분은 "꼭 다시 오마!"하고 다짐하는 것으로 산행을 마무리하기 마련이다.

어떤 현자가 산행은 책을 읽는 것과 같다고 했고, 지리산 이름 뜻이 이 산에 들면 지혜가 달라진다 했으니, 지리산이라는 큰 도서관에서 1박 2일 책을 읽고 내려서는 듯 마음은 뿌듯하고 몸은 가볍다. 마음이 다시 답답해지거나 몸이 무거워지면 지리산도서관을 다시 찾을 것이다.

뒤돌아본 종주능선. 노고단과 반야봉이 아련하다.

또 하나의 지리산 종주길
서북능선(인월–성삼재)

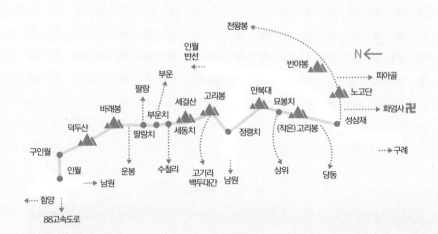

성삼재에서 천왕봉을 거쳐 중산리까지 약 33km의 지리산 종주를 싱겁게 생각하거나 더 알차게 하려는 산꾼들이 생각해 낸 것이 구례 화엄사에서 산청 대원사까지 약 44km의 화대종주이다. 이보다 더 진정한 종주는 지리산 서북쪽 끝인 남원의 구인월 마을에서 출발해 덕두산-바래봉-세걸산-고리봉-정령치-만복대-(작은)고리봉-성삼재에 이르는 약 22km의 서북능선을 걷고, 이어서 천왕봉을 향한 종주를 잇는 것이다. 대원사까지 약 63km 길이다.

태극종주는 서북능선 종주의 끝부분에 지리산 자락의 동쪽 끝 웅석봉 지맥을 붙이는 것인데, 이 코스 중 중봉-하봉-왕등재 능선은 출입 금지 구역이므로 억지로 태극 형상 길을 가는 것은 바람직하지 않다. 지리산은 사람만의 산이 아니라 온갖 생명체의 서식처이므로 그들의 생명 터를 존중하는 것이 곧 지리산을 존중하는 것이다. 따라서 일부 사람들이 출입 금지 구역을 마구 드나들며 무용담을 공개하는 것은 지리산에 해가 되는 일이다.

서북능선의 들머리는 인월이다. 고려 말, 인근의 황산벌판에서 이성계가 왜구를 무너뜨릴 때에 더 많은 화살을 쏘려고 달(月)을 끌어와(引) 밤을 밝혔다 해서 인월이라고 한다. 인월교 건너 구인월 마을이 끝나는 숲 가장자리에서 산행을 시작하는데, 지리산에서 두 번째 가는 능선길 시작점으로는 들머리 풍경이 허접하다. 서북능선 첫 번째 봉우리 이름으로 그럴듯한 덕두산(1,150m)을 향해 3.6km의 지루한 오르막을 올랐으나 그 정상은 봉우리라고 할 것도 없이 협소하다. 투덜거리며 1.4km를 더 올라서니 드디어 지리산 큰 능선들이 열려 전망이 탁 트인 바래봉(1,186m)이다. 여기서 만복대 너머까지 가야 할 능선길이 첩첩하고, 그 시선의 끝에서 커브를 틀어 반야봉에서 천왕봉에 이르는 주능선의 실루엣이 좌악 펼쳐진다. 가슴이 뻥 뚫리는 느낌이고, 쓴맛의 오르막 끝에 맛보는 꿀맛이다.

바래봉의 '바래'는 순우리말이다. 유순한 봉우리 모습이 스님들의 밥그릇인 바리때를 엎어 놓은 모양이라는 뜻이다. 운봉 사람들은 삿갓봉이라 불렀다 한다. 지리산 10경 중 하나가 세석 철쭉인데, 이제 바래봉 철쭉의 명성에 밀리고 있다. 과거 무분별한 야영으로 많이 없어졌고, 나머지도 다른 키 큰 나무들에 가린 세석 철쭉보다는 마치 정

팔랑치 철쭉 ⓒ 채현진

원사가 잘 다듬어 놓은 듯한 바래봉-팔랑치* 구간의 산철쭉 군락 그림이 훨씬 예쁘다. 그 정원사는 다름 아닌 양이다. 1970년대에 이곳에 방목된 양들이 독성분이 있는 철쭉만큼은 건드리지 않아 철쭉만 번성한 것이다. 양 방목이 중단되고 25년쯤 지나 이곳의 철쭉 정원도 다른 식물들과 경쟁하면서 점차 야생 환경으로 접어들고 있다.

바래봉 밑 전나무 숲 샘터에서 수통 물을 갈아 넣은 뒤, 부운치 (浮雲峙)까지 능선길은 말 그대로 구름 위에 떠 있는 듯 산 아래에 구름이 자욱하다. 서북능선에는 다섯 치(팔랑치-부운치-세동치-정령치-묘봉치)가 연이어 있다. 치(峙)는 우리말로 고개, 재, 목이라는 뜻이다. 팔랑치로 가는 길가에 산 정상에서는 보기 어려운 노랑꽃창포 군락이 바람

* 2,100년 전에 마한의 왕이 전쟁을 피해 달궁에 들어와 지낼 때, 북쪽 산에 장수 8명을 보내 지키게 했다는 곳이라 해서 팔랑치(八郎峙)라 한다.

59

에 흔들린다. 그런데 꽃 사진을 가까이 찍으려는 사람들이 낸 발자국 때문에 꼿꼿해야 할 줄기가 마구 밟혀 길게 눕혀 있다. 발목이 꺾여 다시 일어설 수 없다. 이런 곳마저도 금(禁)줄을 쳐야 하는 것일까.

서북능선 종주길은 대부분 검은 흙길이다. 우리나라 산의 바위 봉우리는 대부분 화강암이며, 화강암이 큰 압력과 열을 받아 성질이 달라진 것이 편마암이고, 편마암이 잘게 부서져 가루가 된 것이 이 흙이다. 그래서 편마암이 낳은 지리산은 흙산이고, 화강암이 많은 설악

산은 돌산이다. 제법 오르막길 끝의 세걸산(1,220m)에 올라 지나온 길을 보니 아득한데, 앞으로 갈 길도 여전히 아득하게 보이는 것은 왜일까? 마치 목적지가 점점 물러나는 느낌이다. 정령치에서 나를 기다리는 지인에게 고리봉을 보고 눈짐작으로 1시간 이내로 도착한다 했는데 거의 두 배나 걸렸다. 출발한 지 7시간쯤이 되자 그만큼 체력이 소진되었나 보다.

1970년대 면양 목장과 서북능선 ⓒ 서규원

고리봉(1,304m)에서 서쪽으로 난 하산길은 남원의 여원재를 거쳐 덕유산으로 이어지는 백두대간 길이다. 고기리마을까지 3.2km 중 처음 1km는 매우 가파르고, 낙엽이나 눈이 덮이면 길 자국이 희미해져 주의해야 한다. 고기리 인근의 노치마을에서 좌우로 나 있는 지리산둘레길을 걸으며 멀리 지리산 서북능선과 가까운 서정적인 농촌 풍경을 만끽하는 것도 좋다.

산 아래 마을과 백두대간길을 내려다보고, 바래봉에서 지나온 길과 성삼재까지 가야 할 길 그리고 반야봉에서 천왕봉까지 지리산 전체 윤곽을 사방팔방으로 조망하고 내려서면 곧 정령치(1,172m)이다.

바래봉을 제외하면 샘이 없고 대피소도 없는 서북능선에서 정령치휴게소는 사막의 오아시스 같은 곳이다. 겨울철에는 도로 곳곳이 얼어 위험하므로 도로와 휴게소는 일시 폐쇄된다. 최근에 남원역에서 이곳까지 오전 오후 한차례씩 올라오는 버스가 개설되어 앞으로 이 능선을 타는 사람들이 많아질 것이다. 여기서 보는 천왕봉 방향의 일출과 반대편 남원 방향의 일몰 풍경은 일품이다.

정령치 인근의 마애불상과 고산습지를 둘러본다. 고려 시대에 이 높은 곳에 개령암이라는 암자를 짓고 병풍 같은 바위에 열두 부처상을 조각했는데, 화강암 마모가 심해 일부 부처님들은 잘 알아볼 수 없다. 얼굴이 넓적하고 코가 큰 모습이라 주민들은 이 마애불을 정령치에 성을 쌓은 2,100년 전의 정장군으로 알고 있었다 한다.

정령치 도로는 성삼재 도로와 함께 백두대간의 마루금을 끊고

개령암지 마애불상

자연을 훼손했다는 비판을 받아서, 산림청에서 정령치 도로 꼭대기를 터널화하고 흙을 덮어 백두대간 맥을 이었다. 그러나 이 터널 상부의 생태 통로는 매우 부자연스럽다. 이렇게 사람이 많이 다니고 빤히 노출된 지역을 야생동물이 오가기는 어려울 것이다. 야생동물을 생각한다면 큰 통로 한두 개보다는 작은 통로 여러 개를 곳곳에 만들어 주는 것이 더 효과 있다. 겨울에 눈 덮인 산악 도로를 걸어 보면 동물 발자국이 많이 몰리는 자리는 따로 있다. 그곳이 바로 생태 통로를 만들어 줄 자리이다.

정령치를 출발해 한 시간쯤 걸어 올라 만복대(1,438m)에 도착하니 초원 같던 풍경이 이제 키 낮은 나무 군락으로 바뀌었다. 이 너른 고원에 먹을거리와 약초가 많아 복이 많다는 이름 뜻(萬福臺)처럼 산세가 순해 보는 이의 마음도 평화롭다.

만복대 건너편의 반야봉은 '반야산'이라 할 만큼 우람하고 독립적인 산 하나가 당당하게 서 있는 모습이다. 지리산 능선의 어디에서 보든 불룩하니 부드러운 이미지와는 완전히 다르다. 성삼재 방향을 내다보니 능선 대여섯 개가 누에 등허리처럼 겹쳐 있어, 내리막이지만 결코 쉬운 길이 아님을 예고하는 것 같다.

만복대를 내려서면서부터는 좁은 길 가장자리에 빽빽이 들어 찬 나뭇가지를 잘 통과해야 한다. 숲 안쪽을 보호하려고 숲 가장자리에 도열한 철쭉, 싸리나무, 미역줄나무, 졸참나무, 산죽 등이 자꾸 배낭을 붙잡거나 팔뚝에 상처를 낸다. 키 큰 바위 옆을 통과하면서 언젠가 이곳의 물기 많은 바위틈에 핀 바위떡풀의 하얀 꽃이 컴컴한 그늘에서 하늘거리는 걸 본 기억이 났다. 오늘 이 바위는 그런 물기도, 그 꽃도 없다. 기후변화의 결과일 것이다.

저 밑에서 홀로 올라오는 산꾼의 모습이 마치 망망대해를 헤치는 일엽편주와 같다. 양손에 쥔 스틱을 노처럼 휘익휘익 저으며, 어느새 성큼 다가와 "안녕하세요!"를 저음으로 말하고 재빨리 스쳐 지나간다. 그의 앞모습은 당당했지만, 뒤태는 외로워 보인다. 나 역시 그렇게 보였을 것이다.

만복대(왼쪽) 가는 길

65

등산 교과서에 산은 혼자 가지 말라고 적혀 있다. 안전사고를 비롯해 무슨 일이 있을 줄 모르기 때문이다. 더구나 지리산과 같이 깊고 험한 산에는. 그러나 아주 가끔 단독 산행을 즐기는 것도 괜찮다고 생각한다. 남을 의식하지 않고 오로지 자신만 있는 곳에서 자기를 들여다볼 수 있다. 자유롭게 걷다가 쉬다가 머물다가, 사진도 찍고 메모도 하고 생각도 하고, 과거로도 가고 미래로도 가고, 마음에 담기도 하고 버리기도 하고, 웃기도 하고 울기도 하고. 그렇게 여행할 곳으론 산이 최고이다.

성삼재에 이르는 마지막 봉우리 '작은' 고리봉(1,248m)에 올라 지나온 서북능선을 바라보니 구름인지 안개인지 미세 먼지인지 시야를 가려 더욱 아득한 산맥이다. 눈으로 보는 경관이지만, 마음으로 보는 내 인생길이기도 하다. 저어~기서 여기까지 왔단 말인가? 고개 숙여 발에게 존경을 표해 본다. 성삼재 500m 전에 당동마을로 내려서는 2.5km 하산길이 있고, 거기서 온천과 숙박 시설이 있는 산동까지는 다시 3km 아스팔트길을 가야 한다.

성삼재에 가까워지면 줄기가 굵고 키가 낮은 소나무가 많아지는데 자세히 보니 밑동에서 여러 줄기가 갈려 나왔다. 도로가 가까운 이곳에서 밑동이 잘려 나가고 이후에 새로 난 줄기들이다. 마치 더 잘리기 싫다는 것처럼 높이 크지 않고 옆으로 휘어져 자라 애처롭다. 차 소리 사람 소리가 가까워지더니 곧 너른 아스팔트와 성삼재 휴게소 건물이 나타난다.

　　지리산 서북능선! 비록 시점은 허접하고 종점은 부산하지만, 이 길은 한쪽으로 지리산의 웅혼한 주능선을 우러르고, 한쪽으로 백두대간과 황산벌판을 내려다보며 걷는 구도(求道)의 길이다. 아침이라면 빽빽한 나무와 풀이 머금은 이슬로 온몸을 적시는 길이고, 저녁이라면 바로 지척에서 짐승들 움직이는 소리가 어수선하고 까마귀가 계속 따라오는 으스스한 길이다. 이따금 사람을 만나지만 하루 종일 못 만날 수도 있는, 따라서 온전히 자신과 대화할 수 있는 사색의 길이다. 주능선과는 확실히 다른 또 하나의 지리산이 여기 있다.

청학동에서 청학동으로 가는
남부능선(청학동-삼신봉-쌍계사)

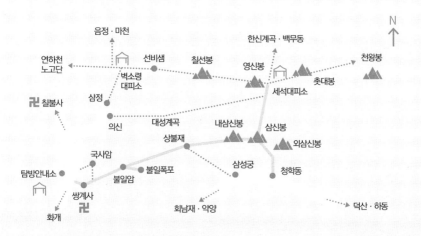

음정·마천

연하천
노고단

선비샘

칠선봉

한신계곡·백무동

영신봉

천왕봉

벽소령
대피소

삼정

세석대피소

촛대봉

卍 칠불사

의신

대성계곡

내삼신봉

삼신봉

N↑

상불재

외삼신봉

국사암

탐방안내소

불일암 불일폭포

삼성궁

청학동

쌍계사
卍

회남재·악양

덕산·하동

화개

옛 사람들의 글에서 '한국인의 이상향' 청학동으로 가장 많이 거론된 장소는 지리산의 불일폭포–쌍계사 일원과 세석평전이다. 현재 도인촌과 삼성궁이 있는 청학동은 본래 '학동'이었던 지명을 개명한 (신)청학동이다. 그런데 우연인지 필연인지 위 세 장소는 핏줄로 이어지듯 (신)청학동에서 삼신봉에 올라 쌍계사로 가거나 세석평전으로 올라가는 지리산 남부능선길로 연결되어 있다. 지리산에서 도를 닦거나 풍수지리에 정통한 사람들은 영신봉(靈神峰)을 지리산의 정기가 집중된 곳으로 여기고 있는데, 여기서 발원한 기운이 남쪽의 낙남정맥으로 내려가 모인 곳이 바로 삼신봉(三神峰)이다. 영신봉 좌우의 지리산 주능선이 큰 나무의 머리라면, 남부능선은 기둥, 삼신봉은 뿌리에 해당한다고 할 수 있다. 산세가 그렇게 생겼다.

삼신봉(1,284m)은 해발고도가 높은 (신)청학동에서 2.4km, 불과 한 시간 남짓 '쉽게' 올라 노고단에서 천왕봉, 써리봉까지 장쾌하게 펼쳐진 지리산 능선을 조망할 수 있는 최고의 전망대이다. 당초에 삼신봉 정상은 삐죽삐죽했는지 터가 좁았는지, 바위틈 깊은 곳에서부터 돌을 쌓아 올려 상단부를 평편하게 만들었다. 조선 말기와 일제 강점기 때 지리산에 들어와 살았던 정결방이라는 사람이 쌓았다고 한다.

삼신봉에서 북쪽으로 세석평전까지는 7.6km 거리인데, 거기서 백무동 또는 거림까지 하산길 6km 이상을 더 셈해야 하니 하루 일정으로는 짧은 코스가 아니다. 세석평전까지 남부능선길은 전체적으로 완만한 오르막이지만, 실제로는 오르락내리락 굴곡이 많고 키 큰 산죽 밭이 많아 속도를 내기 어렵다. 몇 군데 지점에서는 수영하듯이 양팔을 휘둘러 산죽 더미를 헤치고 나가야 한다. 답답한 숲속을 이따금 벗어나 서너 개 전망점에서 바라보는 지리산 주능선과 수십 개 골짜기가 쩍쩍 갈라진 풍경이 멋지다. 예전에 하동 화개 사람들이 해산물을, 산청 내대리 사람들이 임산물을 지고 다니던 수곡골과 자빠진골의 길이 현재는 희미하게만 남아 있다. 두 시간쯤 가서 길쭉하고 커다란 바위가 맞닿아 형성된, 지리산에서 가장 큰 석문에 들어서면 마치 냉장고 문을 연 듯 서늘하다. 길은 곧 평탄해지고 대성계곡 갈림길을 지나 음양수에 다다르게 된다. 여기서 세석대피소는 약 20분 거리이다.

오늘은 (신)청학동에서 때죽나무의 하얀 '꽃비'를 맞으며 삼신봉에 올라 서쪽으로 상불재를 거쳐 쌍계사까지 9km(불일폭포 왕복 포함 9.6km) 길을 나선다. 군데군데 조망점이 많은 시원하고 완만한 능선길이지만, 탐방객이 많지 않아 좁혀진 탐방로 일부 구간에서는 얼굴을 때리는 산죽을 헤치고 댓잎 날에 팔뚝을 에이며, 바닥에 뱀은 없는지 스틱을 두드리면서 돌파해야 한다. 만일 이런 길에서 곰이나 멧돼지를 만난다면 서로 돌아서서 가지 않는 한 피할 길이 없다. 따라서 홀로 산행하는 사람은 1분쯤에 한번 씩 "어! 허!" 하며 큰 인기척을 내거나 스틱을 바위에 부딪쳐 탁!탁! 쇳소리를 내면서 가는 게 좋다.

삼신봉에서 서쪽으로 약 20분 가면 삼신봉보다 높은 내(內)삼신봉(1,355m)을 만난다. 이 능선에서 실제적인 최고봉이지만, 삼신봉이 영신봉과 이어지는 포인트에 있고, 산청군과 하동군을 가르는 경계점에 있어 명성을 양보하고 있다. 그러나 삼신봉보다 70m 높은 이곳에서 바라보는 지리산 주능선 조망이 더 멋지다. 표지석에는 삼신산정(三神山頂)으로 표기되어 있다.

내삼신봉에서 상불재 사이 중간쯤에서 만나는 쇠통바위는 그냥 눈으로만 보고 지나가는 게 좋겠다. 큰 바위 두 개가 이마를 맞대어 생긴 거대한 '열쇠 구멍'으로 사람들이 마구 기어오르는 바람에 경사지 토양이 다 무너져 장차 큰 바위까지 무너지지 않을지 걱정스럽다. 이 밑의 (신)청학동 사람들에 따르면 묵계리 어디에 열쇠 바위가 있어 이 열쇠로 쇠통(자물쇠)을 열게 되는 날, 세상은 천국이 된다고 한다. 현실에서 그럴 가망성은 없으니, 그렇다면 천국은 영영 오지 않는다는 의미일까.

쇠통바위

쇠통바위 지나서 상불재로 내려서다 하얀 암반 봉우리에 배낭을 풀고 쉬는데, 뭔가 쪼끄만 게 바위에서 꼼지락거린다. 손톱만 한 나뭇가지 부스러기 모양으로, 겉에 모래 알갱이를 다닥다닥 붙인 것이 계곡에 사는 날도래와 비슷하다. 아니 이 산꼭대기 바위에 웬 날도래? 새가 물어온 것일까? 바로 사진과 동영상을 찍어 국립공원연구원 정종철 박사에게 알리니, 주머니나방(도롱이벌레) 종류인데, 정확히 동정하기는 쉽지 않다고 한다. 우리나라에 서식하는 생물은 약 10만 종으로 추정하며, 확실히 서식 여부를 밝힌 것은 이제 5만 4,000여 종에 불과하다. 그만큼 더 많은 조사와 과학자가 필요하다.

상불재에서 왼쪽은 삼성궁으로 가는 2.3km 내리막길로, 내려서는 초입이 수직에 가까운 급경사이다. 오른쪽으로 쌍계사까지는 4.9km로, 불일폭포까지 내리막길은 하늘이 보이지 않을 정도로 숲이 빼곡하고 길은 낙엽층이 두꺼워 푹신하며 내려갈수록 계곡물 소리가 낭랑하다. 이곳 주변에 여러 마을이 있었다는 기록이 있다. 물이 있기 때문일 것이다. 물소리가 소란스러워지면서 불일암이 가까워지자 계곡은 왼쪽으로, 길은 오른쪽으로 갈라선다. 길과 물과 나는 불일폭포에서 다시 만날 것이다.

벼랑길 위에 있는 듯 없는 듯한 불일암*에 올라 노송 사이로 탁 트인 하늘과 구름과 봉우리, 그 밑의 협곡 그리고 물결처럼 깔린 나무 숲을 내려다본다. 전형적인 '동양화 풍경'이다. 산허리에 에두른 좁은 소로를 돌아 내려서면 졸졸하던 물소리는 마침내 불일폭포에서 뛰어

* 신라 말기에 지어졌고, 고려 시대에 보조국사 지눌이 수도해 그의 시호를 따라 불일암이라 했다. 여러 번 불에 타 폐사되었고, 현재 법당은 2008년 복원한 것이다.

내리며 쾅쾅쾅 우레와 같은 성량으로 증폭되어, 속세의 번잡한 소리들을 다 덮는다. 지리산 소리답다.

　　뾰족암봉과 노송이 에워싼 높이 60m 검은 직벽에 하얀 포말이 쏟아지고, 부서진 물은 다시 모여 청학이 깃들어 노닐었다는 학연에 담겼다가, 용이 승천했다는 용소로 급류를 이루며 쏟아져 내린다. 깊은 산에 이런 신비한 풍경이 숨어 있고, 인근에 기름진 산중전답 불일평전이 있어 사람이 은거해 신선처럼 살았다는 청학동으로 가장 많이 묘사된 곳이 바로 이곳이다. 약 1,100년 전 쌍계사에 기거하던 최치원이 이곳에서 노닐며 썼다는 완폭대 석각을 작년에 국립공원사무소에서 발견해 이곳을 청학동으로 인정하는 중요한 근거가 되었다.

　　불일폭포와 쌍계사 중간 지점에 최치원이 청학을 불렀다는 환학대(喚鶴臺) 바위가 있다. 현재는 주변 지형이 변해 작은 바위로 보이지만, 최치원이 '놀았던' 1,100년 전에는 학이 날아올 만큼 큰 계곡이었고, 학이 잘 앉을 만큼 높고 큰 바위였을 것이다. 쌍계사와 인근의 신흥동 일원에도 최치원의 흔적과 설화가 많이 남아 있어 이 지역 일대를 넓은 범위의 청학동으로 간주할 수 있다.

　　하늘이 열린 불일평전과 쌍계사까지 2km 탐방로에는 햇빛이 많이 들어와 다양한 야생화를 관찰할 수 있다. 그래서 이 구간에는 야생화를 설명한 자연해설판이 많이 있어 한번쯤 보면 좋을 텐데, 하산을 서두르는 사람들이 그냥 휙휙 지나간다. 환학대 지나서 좀 내려가다 왼쪽 바위를 잘 살피면 사람 얼굴을 꼭 닮은 바위 얼굴이 있다. 그

런데 어떤 분이 그 아래 바위에서 열심히 손놀림을 해 살펴보니 이끼를 뜯고 있었다. 내가 "안 됩니다!" 하니 알았다며 재빨리 배낭을 닫는데, 흘겨보는 눈초리에 원망이 가득하다.

쌍계사와 인근 국사암에는 볼거리가 많다. 유서 깊은 전각과 석탑, 생각이 깊은 마애불에는 불심이 깊고, 꽃무늬를 새긴 흙담과 흙벽, 이끼 낀 기왓장에는 한국적 정서가 깊다. 쌍계사의 혼이 담긴 금당 옆 동방장에서 최치원이 글을 읽었다 하는데, 언제 한번 몰래 들어가 책 한 줄 읽고 나와야겠다.

불일평전의 봄

쌍계사 아래에 새로 지은 도원암의 약수가 맛있다고, 키 큰 순원스님이 자랑하셔서 물맛을 본다. 어떠냐고 환하게 물어보시는 스님의 길쭉한 체구와 회색 장삼이 꼭 학과 같다. 청학동에 꼭 어울리는, 최치원 스타일의 스님을 만나는 것으로 오늘 청학동에서 청학동으로 온 산행을 마무리한다.

마침 쌍계사 경내에서 해설을 하던 옛 동료를 만나, 화개장터로 가 짭조름한 재첩국 한 사발에 막걸리 한 잔을 곁들이니 기가 막히다. 지금 초여름이 재첩 맛과 향이 제일 좋은 때이다. 오염되지 않은 물에서만 사는 재첩이 자라는 섬진강 물은 절반 이상이 지리산 물이다. 재첩은 몸의 열을 내리고 피로를 풀어 준다니 산행으로 달뜬 내 몸에 최

큰 바위 얼굴

적이다.

　2차는 오래된 찻집에 가서 녹차를 우려 마시며, 함께했던 추억을 우려내는 것이다. 한겨울 산꼭대기에서 차가운 도시락에 뜨거운 찻물을 부어 주던 동지도 생각나고, 절간에 해장국이 없으니 이거나 들라고 찻물 한 대접을 내놓던 노스님도 생각난다. 시간은 지나고 사람도 변하지만, 추억이 그 시간과 사람을 다시 불러낸다. 오늘 지리산에서 흘린 땀만큼을, 지리산 물에서 자란 재첩과 지리산 흙에서 딴 찻잎 물로 보충하면서 지리산 여행의 마침표를 찍는다. 온몸에 지리산이 들어와 있다.

쌍계사 흙담

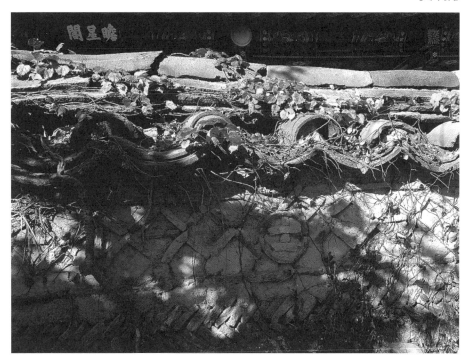

절반 신선이 되는 길
뱀사골-화개재

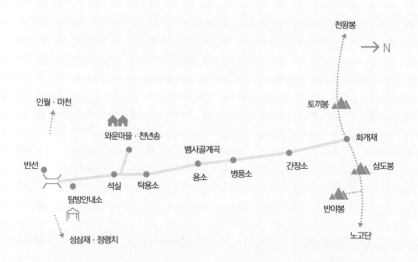

천왕봉

→ N

인월 · 마천

토끼봉

와운마을 · 천년송

뱀사골계곡

화개재

반선

삼도봉

석실 탁용소

용소 병풍소 간장소

탐방안내소

반야봉

성삼재 · 정령치

노고단

뱀사골이란 이름은 뱀이 많은 골짜기 또는 뱀이 죽은(死) 골짜기를 가리키는 듯하지만 그렇지 않다. 계곡에 특별히 뱀이 많은 것은 아니고, 뱀과 관련된 전설과 지명이 있지만 현실에서는 없는 이무기와 용에 관한 이야기이다. 예전에 배암사란 절이 있어서 배암사골로 불렀다는 설도 있다. 빼어난 계곡 풍경과 뱀이라는 어감이 어울리지 않아 글머리에 괜히 사족(蛇足)을 달았다.

뱀사골 입구에 기다란 상가가 있는 마을 이름이 반선(伴仙)이니, 여기는 신선(仙) 친구(伴)들이 사는 곳일까? 이름 뜻을 알려면 다시 뱀사골 이름 유래를 해설해야 한다. 예전에 이곳에 송림사라는 절이 있었는데 매년 칠월백중(음력 7월 15일)이면 기도하던 스님이 사라져 사람들은 스님이 신선이 된 줄 생각했다. 그러나 어느 해 서산대사가 스님 옷에 독약을 바른 후 이튿날 확인해 보니, 용이 되지 못하고 죽은 이무기 뱃속에 스님이 있었다. 그래서 이 계곡을 뱀사골이라 했고, 그간 돌아가신 스님들을 위로하고자 '절반(半)은 신선(仙)이 되었다' 해서 이곳을 반선으로 불렀다 한다. 반(半)이 반(伴)으로 변한 이유는 어떤 자료에도 없지만 뜻은 비슷하다.

달궁계곡과 뱀사골계곡이 합쳐지는 곳의 반선교를 넘어 뱀사골로 들어선다. 길 오른쪽에 지리산국립공원 뱀사골탐방안내소가 있고 그 옆에 지리산 전적(戰績)기념관이 있다. 수려한 계곡 입구에서 이런 인공 시설을 보며, 실상사보다 100년 앞서 지어졌다는 송림사가 남아 있었다면 더 어울렸으리라 생각해 본다. 이곳은 한국 전쟁 이후 빨치산 본부가 있던 곳으로, 전적기념관은 이때 전사(戰事)를 전시한 곳이다. 국립공원 탐방안내소 2층에도 빨치산 전시관이 있으며, 계곡 입구에 있는 석실이라는 바위 밑 지하 공간은 빨치산의 기관지를 인쇄하던 곳이다. 그만큼 같은 민족끼리 아픔이 있었던 장소이고, 이따금 이념 논쟁이 벌어지기도 하는데, 70여 년이 지난 지금 옳고 그름을 다투는 것은 부질없다. 과거는 서로 안타깝고, 미래는 함께 가야 한다.

이제 화개재까지 9.2km 산행에 나선다. 요룡대까지 2km는 계곡변으로 나무 데크와 돌길을 평탄하게 걷는, 몸을 데우는 워밍업 길이다. 햇빛이 열린 계곡 방향으로 양쪽 나무들이 휘어져 자라 탐방로

와운마을 천년송

에 시원한 그늘을 드리우니 산책로로 그만이다. 군데군데 데크 전망대에서 가까이 바라보는 계곡 풍경도 좋다. 울퉁불퉁한 암반을 급류가 깎아 내 미끈하게 조각하고, 아무렇게나 생긴 바위들이 굴러와 멈춘 사이사이로 맑은 계류가 하얀 물방울을 튀기며 흐른다. 얼음이 팽창해 깎아 냈을 둥그런 웅덩이에 담긴 물은 투명한 옥빛이다. 물감을 아무리 섞어도 저런 색감은 나오지 않을 것이다. 길 끝에 있는 요룡대에서 용이 승천하는 모습을 상상해 본다. 나이가 먹을수록 내 상상력은 보수적이라, 그런 모습이 얼른 떠오르지 않는다.

　　이제 와운교이다. 여기서 왼편으로 20분쯤 올라가면 구름이 누워 있는 와운마을과 그 위에 천년송이 있다. 천년송은 변함없지만 마을은 상업화되어 국립공원사무소에서 '명품마을 프로젝트'를 통해 향토색과 관광 기능을 살리려 애쓰고 있다. 깊은 산골 정취가 되살아나길 바란다. 와운교 오른쪽으로 뱀사골 탐방로라고 쓰인 아치를 통과해 들어서면 여기부터가 본격적인 뱀사골이다. 달라진 기온을 서늘하게 느끼며 10분쯤 가면 뱀이 목욕을 한 후 용이 되어 하늘로 올라가다가 떨어져 100m쯤 자국이 났다는 탁용소가 나온다. 그런 모양으로 파인 비슷비슷한 하얀 암반과 퍼런 물이 이어지는 풍경을 즐기면서 평탄한 길을 50분쯤 가면 뱀소가 나타난다. 용이 못된 이무기가 죽었다는 곳이 바로 여기다. 이왕이면 용소라고 하지, 하는 생각이 든다. 5분쯤 거리에 호리병처럼 생긴 초록 색깔 병소가 있고, 그 위에 급류가 바위를 깎아 병풍처럼 만들었다는 병풍소가 넓고 깊게 초록 물을 담고 있다.

짧은 다리 몇 개를 건너 30분쯤 거리에 송림사 스님이 서민들의 시름을 달래고자 제를 올렸다는 제승대가 나온다. 제법 상류로 올라왔는지 암반이 높아졌고 바위 생김새도 투박해졌다. 여기서 좀 올라가면 탐방로를 벗어나 계곡을 건너 이끼폭포로 가는 샛길이 있다. 그쪽은 야생동식물의 세상이니 사람은 가지 말라는 큼지막한 안내판이 있는데도 출입 흔적이 많아 안타깝다. 반달가슴곰을 비롯한 야생 생물의 서식처이기도 하고, 길 찾기가 어려워 이끼폭포까지 40분 거리를 몇 시간 헤매거나, 안개가 자주 끼어 조난을 당하기 쉬운 지역이다. 이끼폭포 아래 이끼는 여기서 '증명사진'을 찍는 사람들 때문에 다 벗겨졌다. 수백 년 자란 이끼들인데. 이곳을 불법으로 출입하는 사람들은 '대담해서' 곳곳에 새로운 길을 만들고, 희귀식물을 채취하고, 취사와 야영을 하면서 지리산을 망가뜨린다.

10분쯤 더 오르면 이제 간장소이다. 하동에서 소금을 이고 오던 사람이 발을 헛디뎌 소금을 떨어트리는 바람에 간장이 되었다는 물웅덩이. 그러나 햇빛에 반짝이는 물은 초록빛이고, 바위틈 그늘만 조금 검푸르다.

간장소 해발이 840m이고 화개재 해발이 1,316m이니, 이제 평탄한 길은 끝나고 거친 돌길이 많은 2.7km 경사지를 올라서야 한다. 곧 계곡은 좁아지고 이제 거의 산길이다. 중간쯤에 막차라는 지명이 있다. 뱀사골 입구에서 막차까지 넓고 다듬어진 길이 있었던 것은 이곳이 나무를 베어 나르는 산판길이었기 때문이다. 산 중에서도 지리산, 지리산 중에서도 이 깊고 높은 뱀사골 상류에 뿌리를 박았건만 속절없이 잘려 나간 나무들의 탄식이 들리는 듯하다. 급경사 너덜길을 길게 올라 예전에 산장이었던 무인대피소 입구에서 마지막 힘을 모으고 마치 2km 같은 200m 계단을 올라서면, 드디어 화개재에 이른다. 지리산 능선에 올라선 것이다.

화개재! 옛적에 남원 반선 사람들과 하동 화개 사람들이 물물교류를 했던 곳으로, 이 기나긴 산길에 큰 짐을 지고 와서 무엇을 사고 팔았을까 궁금하다. 간장소에 소금을 빠트린 상인은 아마 이곳에서 소금을 팔지 못해, 홧김에 막걸리 한잔 먹고 비틀거리며 내려가지 않았을까 상상해 본다. 전라북도와 경상남도의 경계인 이곳 이름이 '화개'인 것이 못마땅했던 전라북도 사람들이 이곳을 한때 '뱀사골 정상'이라고 불렀던 적이 있으나, 현재는 그 이름을 쓰지 않는다. 적어도 지리산에서만큼은 지역감정은 없다.

누구에게도 이곳은 최종 목적지가 아니다. 9.2km를 돌아 반선으로 돌아가든, 악명 높은 550계단의 삼도봉을 넘어 노고단대피소까지 6.7km를 걷든, 토끼봉 오르막을 넘어 연하천대피소까지 4.2km를 가야 하는 삼거리이다. 오늘 나는 반선으로 돌아가며 올라올 때 빠트린 풍경을 보려 한다. 뱀과 용이 나오는 전설 따라 왕복 18km를 걷는 기나긴 계곡 산행길. 사계절 다 좋겠지만, 급류가 콸콸 흐르는 초록빛 여름과 화사(花蛇)처럼 울긋불긋 단풍이 멋들어진 가을 뱀사골이 특히 좋다.

간장소

슬프고 고운 붉은 골짜기
피아골

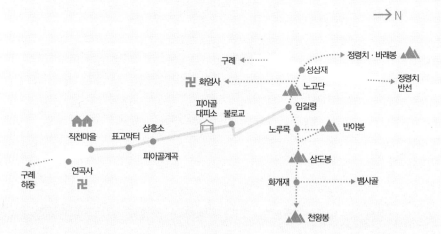

→N

정령치 · 바래봉

구례 ←┄┄

卍 화엄사 ←┄┄

성삼재

노고단

정령치
반선

피아골
대피소   불로교

임걸령

직전마을

표고막터   삼흥소

노루목

반야봉

피아골계곡

삼도봉

연곡사

화개재

뱀사골

구례
하동

卍

천왕봉

우리말에서 접두어 개, 피, 변 등이 붙으면 어감이 좋지는 않다. 피아골이란 단어도 처음 들으면 사람 '피'가 먼저 떠오른다. 하물며 이 곳에서는 역사적으로 피비린내 나는 전투가 쭉 있어 왔으니 그렇게 연상되는 것이 당연하기도 하다.

피아골은 임진왜란과 동학 농민 혁명 그리고 국권피탈(경술국치) 때 의병과 농민 들이 일본군에 대항하다 처참한 최후를 맞은 곳이고, 한국 전쟁 전후의 빨치산 전투 때에도 많은 희생자가 났던 곳이다. 1984년에 피아골대피소를 지으려고 땅을 파 보니 인골이 한 트럭분이나 나왔다고 한다. 어째서 그 많은 사람이 묻혔는데도 기록이 없었는지, 무정한 역사이다.

피아골 단풍이 아름답기로 유명한데, 그렇게 고운 단풍이 핏빛이라 피아골이라는 설도 있었다. 그리고 그런 선명한 핏빛은 피아골에서 죽은 사람들의 원혼이 피어나는 것이라는 묘사도 있었다(조정래, 1989, 태백산맥 10권, 7~8쪽, 해냄).

국립공원 해설판에 따르면 피아골이라는 이름은 "연곡사에 수백 명의 승려가 수행해 식량이 부족해지자, 척박한 토양에서도 잘 자라는 피(기장)를 많이 심었다"는 데에서 유래했다. 여기서 피를 기장이라고도 하며, 기장의 한자어는 직(稷)으로, 피아골 아랫마을 이름이 직전(稷田)마을, 즉 '피밭'마을이다.

성삼재-노고단-임걸령-피아골 코스에서 보면 임걸령 갈림길의 표고가 1,336m, 피아골 불로교의 표고가 850m쯤으로 약 500m

표고차가 있는데, 두 지점의 거리는 1.2km에 불과해서 경사도는 32%에 이른다. 주변에서 악명 높은 오르막인 코재, 화개재-삼도봉보다 급한 경사이다. 그러니 이리 내려가는 탐방객은 많아도 올라서는 탐방객은 많지 않다.

임걸령 삼거리에서 출발해 내리막 고생이 끝나는 지점에 있는 불로교 바닥은 구멍이 숭숭 뚫린 철판으로, 건설 현장에서는 이를 아나방이라고 부른다. 국립공원의 다른 지역 다리는 대부분 현대식으로 바꾸었지만, 불로교 같은 옛 시설은 잘 보전해서 나중에 근대 유산으로 대접해 주는 게 좋겠다. 불로교에서 20분쯤 한층 부드러워진 길을 내려서면 피아골대피소에 도착한다. 1984년 지어진 이 대피소는 지리산에서 가장 낮은 곳(해발 789m)에서 가장 낮은 수준으로 버티고 있다. 여름에는 서늘한 환경을 자동 냉방 시설로 삼고 겨울에는 난방 시설이 없어 석유난로를 쓰는, 어쩌면 가장 지리산다운 대피소이기도 하다. 그래서 산꾼들이 나름 많이 이용하는 베이스캠프이다. 나는 지리산에서 전기도 없고 전화도 안 되는, 문명과는 완전히 떨어진 장소가 한 곳은 있어야 한다고 생각하는데, 그런 환경에 가장 가까운 곳이 바로 이곳과 치밭목대피소이다.

피아골대피소는 노고단산장에서 16년, 피아골대피소에서 22년 생활하며 2011년까지 국립공원 지킴이로 계셨던 고(故) 함태식 선생의 은거지이다. 현재는 함 선생을 아버지처럼 따르던 지리산산악구조대의 김종복 대장이 운영하고 있다.

피아골의 가을

피아골대피소 마당에는 여러 풍경이 지나간다. 사람 없는 아침은 축축한 안개와 햇살 한줌과 졸졸졸 물소리만 가득한 적막강산이고, 사람들이 다 떠난 오후 하산 시간은 가랑잎과 휑한 마음만 뒹구는 쓸쓸한 빈터이다. 한밤에 랜턴 불 끄고 하늘을 보면 보석 빛 가득한 별밤이거나, 한 점 빛도 없이 완전히 깜깜한 진공의 밤이다. 한여름에도 대피소 앞마당은 서늘하다. 이곳에서 빨치산 인골이 한 트럭이나 나왔다고 하니 그 많은 한이 서려서일까.

피아골처럼 오랜 세월을 버텨 내는 서어나무 뿌리

여기서 산길이 끝나는 직전마을까지는 대체로 평탄한 4km 내리막인데, 겨울철 일부 결빙 지점만 조심하면 안전하고 편안한 길이다. 피아골 계곡물은 임걸령 쪽 상류부터 내려오지만, 탐방객들이 실제로 계곡 풍경을 제대로 보는 것은 피아골대피소 밑에서부터이다. 여기부터 탐방로는 계곡에 붙어 교량 네 개를 넘나들며 내려간다. 산 너머 뱀사골과 달리, 피아골 계곡에는 이렇다 할 명소가 없다. 어느 한 장소가 특별하게 조각된 게 아니라, 계곡 전체가 울퉁불퉁한 하나의 큰 암반이고, 거기에 어디라 할 것 없이 짧은 폭포와 와폭(臥瀑)과 소(沼)가 계속 이어지기 때문이다.

높은 벼랑바위를 오른쪽에 두고, 하얀 암반에 콸콸 소리가 경쾌한 계류를 왼쪽으로 두고 그 사이에 있는 탐방로를 내려서다 보면, 하얀 나무뿌리 여러 갈래가 길에 뿌려 놓은 듯 뻗쳐, 하는 수 없이 그 뿌리를 밟고 지나야 하는 거목이 나온다. 수많은 사람이 수십 년 밟았을 텐데 어찌 저리 생존력이 강한지 존경하지 않을 수 없다.

대피소에서 약 1km 거리에 구계포교가 있다. 이 흔들다리에서 상류 방향을 바라보면 암반이 마치 아홉 개 계단처럼 조각되어 물을 흘리는 곳이 있는데, 수량이 적당해야 알아볼 수 있다. 여기서 계곡 왼쪽을 돌아 500m 지점에 삼홍소(三紅沼)가 있다. 조식 선생이 이곳의 단풍에 심취해 "산도 물도 사람도 모두 붉다!" 해서 붙인 지명이다. 그러나 그간 생태계가 변했는지, 전쟁과 벌목의 역사 때문인지, 지명에 걸맞은 붉디붉은 풍경은 보기 어렵다. 450년 전에 조식 선생이 본 단풍나무 군락을 보고 싶다.

여기서 1.5km 내려가면 표고버섯을 재배했던 숲속 빈터, 표고 막터가 나온다. 햇볕 쪼이는 풀밭에 야생화가 많아 국립공원에서 자연 관찰 프로그램을 진행하는 학습장이기도 하다. 이제 마지막 다리를 건너면 편백나무가 도열한 비포장 차도로, 직전마을까지는 1km 거리이다. 지리산 산골짜기마다 나 있는 다른 넓은 산길과 마찬가지로, 이 도로도 벌목한 나무들을 운반할 때 이용하는 산판길이었을 것이다.

직전마을 풍경은 좋게 말하면 복합적이고, 아니게 말하면 무계획적이다. 산골도 아니고 도시도 아니고, 공원마을도 아니고 관광지 일색도 아니다. 공원 구역을 빠져나온 계곡은 이제 자연 계곡이라기보다 상가 계곡이다. 30년 전쯤, 피아골 중류의 커다란 바위틈마다 배터리를 들이대 어른 팔뚝만 한 뱀장어를 잡아 올리는 광경을 본 적이 있었다. 20년 전쯤 물어보니 뱀장어 씨가 말랐다고 했다. 공원 구역 밖이지만, 모두가 힘을 합쳐 뱀장어가 다시 돌아오는 피아골을 이루었으면 한다.

마을 끝에서 20분쯤 단풍나무 가로수길을 걸어 연곡사에 들어간다. 지금은 새 전각들이 들어서서 번듯하고 깔끔한 현대풍 사찰처럼 보이지만 544년, 화엄사와 같은 해에 창건된 고찰이고 거찰이다. 호남으로 들어가는 길목에 위치해 전쟁이 있을 때마다(임진왜란, 항일 의병 전투, 한국 전쟁) 화재 피해를 입어 목조 문화재는 다 소실되고, 불타는 연곡사를 지켜보았을 돌탑들만 국보와 보물로 지정되어 있다.

누군가는 빠르게, 누군가는 느리게

벽소령-세석-거림

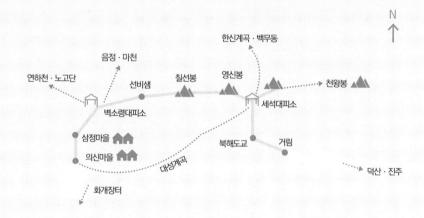

10월 첫날 저녁에 하동군 화개면 삼정마을을 출발해, 숨 쉬기 쉬운 길 30%, 숨 가쁜 길 70%인 4.1km를 걸어 벽소령에 올랐다. 지리산 밑에서 꼭대기까지 가장 짧은 시간에 도달하니 만큼 탐방로 안내판에 가장 난이도가 '빡센' 코스로 표기되어 있다. 이 코스로 벽소령에 도착하면 누구나 '아이고! 힘은 들었지만 시간은 벌었다'고 생각할 것이다.

지리산 10경 중 하나가 벽소냉월(碧霄明月, 옥돌처럼 짙푸른 하늘에 비치는 푸르스름한 달빛)이지만, 나는 벽소령에서 그런 푸르스름한 달빛을 본 기억이 없다. 하늘이 휜해서 달빛도 허옇거나 하늘이 깜깜할 때에도 별빛에 쫓겨 달빛이 희미할 때가 많았다. 미국 국립공원청에는 '밤하늘'을 보호하는 정책과 담당 부서가 있다. 인공조명을 최소로 줄여야 야생동물도 사람도 안정적으로 밤을 보낼 수 있다는 인식이 있기에 가능한 일이다. 우리도 그런 정책을 도입한다면 처연한 밤하늘과 푸른 달빛을 볼 수 있을 텐데.

벽소령의 이름 뜻과 달리, 지금 이곳 해발 1,400m 벽소령대피소 앞마당은 환한 조명 아래에서 시끌벅적하다. 식당을 옮겨온 듯한 만찬으로 생일 파티를 하는 단체도 있고, CCTV를 피해 주변 눈치를 보면서 술을 홀짝거리는 사람들도 있으며, 라면 한 그릇으로 고독을 달래는 단독 산행자도 있고, 달빛과 눈빛을 피해 붙어 앉은 커플도 있다.

밤새 육중한 바람이 가벼운 대피소를 흔드는 통에 잠을 설쳤

벽소령의 밤 ⓒ 허성

다. 해가 바람을 멈추게 하는 것일까, 하늘이 밝아오며 바람 진동이 잦
아든다. 달달 떨면서 두 손 모아 커피를 드는 사람들 표정을 보면 이미
벽소령 아침은 겨울이다. 천왕봉 방향에서 쏜 아침 햇살에 가을 산이
환해지며 몸을 드러낸다. 짙푸르렀던 녹색이 노란색, 갈색, 붉은색으
로 변색하며 산 아래로 내려가고 있다. 이제 잠시 뒤에는 온 산이 단풍
바다로 일렁일 것이다. 식물에게 가을은 혹독한 겨울을 견디고자 자기
몸의 일부를 떨구어야 하는 계절인데, 사람에게는 단풍놀이를 하거나
열매를 거두는 계절이니, 같은 자연의 구성원으로서 공평하지 못하다.

잎을 떨군 나뭇가지에 얇은 서리가 내렸다. 덕평봉 오르막 직전의 벽소령길 끝에서 잠시 소금길을 생각한다. 옛날 하동포구에서 이곳까지 물 건너 산 넘어 소금 장수가 올라와 아마 이 지점에서 숨 한번 돌리고, 북쪽 반선이나 인월로 내려가 소금을 팔아 국밥 한 그릇 말아먹고, 이 머나먼 길을 되돌아 다시 하동으로 갔을까? 그런 고단한 삶의 걸음을 생각하니 나의 오늘 이 걸음이 죄송하다. 소금길과는 별도로, 의신계곡의 삼정마을부터 이곳 벽소령 부근까지는 내다 만 군사 작전용 비포장도로가 대부분 무너지거나 초목이 무성하다. 마구 산을 파헤

가을이 깊어 가는 세석평전

치다 지리산이 섬뜩해서, 무서워서 그만두었을까? 불행 중 다행이란 표현이 딱 들어맞는다.

　뛰어가듯 걸어가는 전문가도 많고, 기어가듯 걸어가는 초보자도 많은 지리산 종주길이다. 산 밑은 늦여름, 초가을이지만, 산 위는 이미 한창 가을이다. 구절초, 쑥부쟁이, 산오이풀 같은 초가을 야생화는 이미 기력을 잃었고, 배초향, 꽃향유, 투구꽃 같은 늦가을 야생화가 생생하게 싱그럽다. 멀리 능선 끝에 보이는 해발 1,915m 천왕봉은 이미 누런색으로 '깊은 가을'이고, 그 아래 촛대봉, 영신봉은 녹색 카펫에 붉

은색 스프레이가 막 뿌려지고 있는 상태이다. 생명을 다하며 겨울로 가는 길목이지만 풀도 나무도 숲도 오히려 생명감의 절정을 뽐내고 있다. 우리 사람도 그렇게 할 수 있을까?

좁다란 고난의 길을 참고 오르면 기름진 수십만 평짜리 옥토가 나오고, 그곳에 푸른 학이 논다는 청학동 거론지 중 하나가 해발 1,600m에 펼쳐진 세석평전이다. 그런 낙원이 과도한 사람출입과 무질서한 야영으로 황폐해졌고, 훼손지 복구사업을 통해 본래 경관으로

되돌리는 데까지 20여 년이 걸렸다.

영신봉에서 바라보는 세석평전도 좋지만, 촛대봉에서 바라보는 세석평전과 그 뒤의 반야봉, 노고단 배경이 더 기가 막히다. 촛대봉에서 남쪽 도장골 방향으로는 출입이 금지되어, 촛대봉에서 흘러내렸을 반짝반짝하는 바위와 빽빽한 풀과 울창한 나무가 평온하면서도 다이내믹한 풍경을 만들어 낸다. 그 아래에 전설적인 청학연못이 꼭꼭 숨어 있다.

수묵화 같은 지리산과 덕산 마을

산 날씨는 종잡을 수 없다. 높았던 구름이 낮게 내려오더니 차가운 가을비가 추적추적 내린다. 좀 기다려 볼까? 그러나 빗방울은 더 굵어지고, 산자락에 솟구치는 안개 파도는 더 맹렬해져 하산을 서두른다. 단풍이 해에 비쳐 반짝이는 대신 비에 젖어 빛나는 숲길에서 동행자와 이야기를 나누는 것도 '산맛' 중 하나이다. 오늘의 덕담은 조식 선생의 말씀, "선을 따르는 것은 산을 오르는 것처럼 어렵고, 악을 따르는 것은 산을 내려가는 것만큼 쉽다"이다.

내려가는 우리 등을 때리는 빗방울이 올라오는 사람들 얼굴을 때린다. 거림계곡 북해도교에 이르러 이제 급경사가 끝나고 평탄한 길만 남았다. 그러나 빗물에 젖은 돌길이 미끌미끌하다. 산행 사고 대부분은 하산할 때 발생하니, 끝까지 조심해야 한다. 인생도 그렇다. 힘 센 장군이 큰 나무를 마구 베어 내며 나아가다가 작은 덩굴에 몸이 얽혀 잡혔다는 이야기가 있고, 생각지도 않은 작은 일이 발생해서 큰일을 그르치는 경우도 많다. '큰 나무 숲'이라는 거림(巨林)계곡에서 알맞은 이야기이다.

하룻밤 묵고 이튿날 바라본 지리산은 온통 수묵화이다. 어저께 내린 차가운 가을비가 덕산벌판의 온기에 가벼워져, 지리산의 높고 낮은 수십 개 능선이 겹쳐진 사이사이로, 솜뭉치 이불 같은 구름이 뭉게뭉게 피어오른다. 산 밑 여름과 산꼭대기 깊은 가을이 흰 구름과 뒤섞이며 변화무쌍한, 어제와 다른 오늘의 지리산이다. 내일은 또 다른 지리산일 것이다.

계곡과 폭포의 제국

한신계곡–백무동

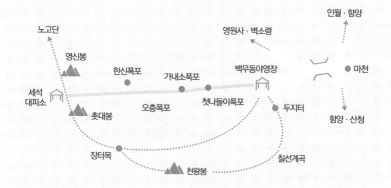

산이 높으면 골이 깊어 지리산에도 깊은 골이 많다. 흔히 지리산 3대 계곡을 칠선계곡, 뱀사골, 피아골로 치는데 이는 경남, 전북, 전남을 고루 배려한 결과일 것이다. 다른 계곡들이 모두 서운해하겠지만 그중에서도 가장 아쉬운 것은 한신계곡이지 않을까. 부드럽고 펑퍼짐한 지리산에서 한신계곡은 거친 '야성미'가 느껴진다. 급경사로 떨어지는 힘찬 물길이 깎아 놓은 수많은 기암과 폭포와 소가 백무동까지 10km 이어지는 경치가 매우 빼어나 국가 '명승' 훈장까지 받았다.

세석평전의 백두대간 마루금에서 북쪽으로 내려서면 맞바로 깎아지른 듯한 급경사 돌길과 물길이 구불거리며 내리꽂히는 한신계곡 상류이다. 북향인 한신계곡은 지리산 남사면의 잔설이 다 사라진 완연한 봄에도 여전히 얼음이 있어 봄철에 산행할 때는 조심해야 한다. 경사 45도 돌계단이며, 길이 구부러지는 곳이면 모두 빙판 천지가 되어 도저히 꼿꼿하게 걸을 수 없다. 겨울 내내 꽝꽝 얼어붙은 이 빙판은 얼음이 두껍고 '맨질맨질'해서 스틱과 아이젠이 박히지 않을 정도이다. 체면을 접고 네다리로 더듬더듬 내려서야 한다.

한신계곡 상류에 있는 고목

　　등산로가 급한 만큼 물길도 급해 한신계곡은 겨울에는 빙폭, 여름에는 폭포의 제국이 된다. 특히 물이 많은 여름에는 어디서 나타났는지 모를 무명 폭포가 수십 여 개나 생긴다. 탐방로에서 약간 벗어나, 길고 좁은 바위 협곡 사이로 하얗게 쏟아지는 한신폭포는 주변이 서늘해 금방 땀이 식어 등이 오싹해진다. 다시 탐방로로 올라와 20분

한신계곡의 겨울

쯤 내려서면 폭포 다섯 개와 소가 이어진 오층폭포가 등장한다. 마치 설악산 천불동계곡의 오련폭포를 슬머시 옮겨 놓은 듯하고, 가을에는 단풍과 어우러진 풍경이 꼭 한 폭의 동양화 같다. 이 풍경을 모두 볼 수 있는 전망 포인트가 없어 안타깝다.

숲과 계곡이 맞닿은 곳에 잠시 앉아 숨을 돌려본다. 숲에는 식물이 주변 균을 향해 내뿜는 살균 물질, 즉 피톤치드 향이 그윽하다. 계곡에서도 급류가 만든 물보라에서 밍밍한 냄새가 바람에 실려 오는 듯하다. 계곡과 폭포가 있는 곳에 가장 많다는 음이온 냄새가 아닐까. 숲과 계곡과 폭포가 계속 붙어 가는 한신계곡은 피톤치드와 음이온으로 샤워하기 가장 좋은 곳이다.

한신계곡에서 가장 유명한 폭포는 도를 닦던 어르신이 내려가며 "나 이제 가네"라 했다는 데에서 이름이 유래했다는 가내소폭포이다. 90도 직각으로 곧게 떨어지는 하얀 포말과 검푸른 웅덩이가 대비된 모습을 보면 절로 감탄이 터진다.

이어서, 내려가면서는 마지막이지만 올라오면서는 첫 번째 폭포인 지리산에서 가장 이름이 정겨운 첫나들이폭포가 나온다. 주변의 넓고 하얀 암반과 폭포가 잘 어우러져 나들이 온 마음으로 쉬었다 가지 않을 수 없다. 첫나들이폭포부터는 백무동계곡이다. 백무동은 본래 천왕봉 여신을 받드는 우리나라 무속 신앙의 근원지로서 무당 백 명이 기도를 했던 곳이라고 한다. 그래서 과거에는 과도한 무속 행위로 소음, 쓰레기, 산불 문제 등이 많았다. 그런 폐해가 사라지고 질서도 잡힌 지금에서는 무속터 한두 곳에서 시간을 정해 과거의 민속 신앙을 재연하고 보전하는 것도 의미가 있겠다 싶다.

이제 백무동계곡을 밑에 두고 평편한 산길을 내려선다. 길은 쉽지만 마음은 무겁다. 이 널따란 길은 한국 전쟁 이후 한신계곡과 백무동계곡의 아름드리나무를 마구 도벌해 운반한 산판길이기 때문이다. 얼마나 많은 나무를 불법으로 베어 냈는지, 당시 이 도벌 문제는 시골 공무원에서 중앙 고위층까지 연루된 큰 정치 문제로까지 비화되었다 하니 가슴이 먹먹하다. 한국 전쟁과 빨치산 전투로 큰 상처가 났던 지리산에, 그 이후에도 깊은 골짜기 높은 봉우리 할 것 없이 도벌이 횡행했으니, 참으로 불쌍하다. 지리산이 우리나라 첫 번째 국립공원으로 지정된 이유 중 하나도 이런 불법 행위를 제도적으로 막고, 산 생태계를 얼른 회복시키고자 함이었다.

백무동 성모 ⓒ 이호신

깊고 멀고 거친 만큼 아름다운
칠선계곡

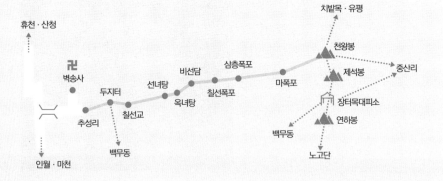

휴천 · 산청

벽송사

두지터

선녀탕

비선담

삼층폭포

천왕봉

치밭목 · 유평

제석봉

중산리

칠선교

옥녀탕

칠선폭포

마폭포

장터목대피소

추성리

백무동

연하봉

인월 · 마천

백무동

노고단

산이 높으면 골이 깊고, 골이 깊으면 산이 멀다. 남한 육지에서 가장 높은 지리산 천왕봉에서 발원한 가장 깊은 골이 칠선계곡*이다. 한라산 탐라계곡, 설악산 천불동계곡과 함께 한국 3대 계곡으로 꼽히는 칠선계곡은 계절의 여왕 5월을 맞이해 산벚나무, 생강나무, 진달래 꽃 향연이 한창이다. 겨울 눈이 녹고 봄비가 내려 스며든 물줄기가 수십 개 폭포와 웅덩이를 토해 내며 흘러간다. 지리산은 금강산에 비해 수려하지 않고 다만 웅장하다고 하지만, 칠선계곡의 수려함은 금강산 계곡에 절대 뒤지지 않는다.

칠선계곡 입구 두지터마을

*칠선계곡은 비선담까지만 개방되어 있고, 이후 중·상류를 탐방하려면 국립공원공단 홈페이지에서 예약해야 한다. 안전사고 우려가 적은 5~6월과 9~10월 날씨가 좋은 날에만 예약자에 한해 국립공원 직원이 인솔한다.

칠선폭포

    추성리마을 주차장에서 두지터마을 입구 언덕까지, 웬만하면 오지 말라는 듯 가파른 초입을 20분쯤 헉헉 걸어 오르면 탁 트인 사릅재(장구목)이다. 가야 할 길이 얼마나 먼지 칠선계곡 초입만 간신히 보인다. 두지터마을까지는 구부러진 길로 약 10분 호젓한 흙길이다. 이 마을은 예전에 가락국의 식량 창고가 있었다 해서 또는 땅 생김새가 뒤주처럼 생겼다 해서 두지동이라 했다고 한다.

    여기 올 때마다 마을 길가에 있는 담배 건조장이 혹시 무너지지 않을지 늘 조마조마하다. 벽체 아래쪽은 돌과 흙을 비벼서, 위쪽은 흙벽돌을 쌓은 후 겉에 흙을 발라 마감했고 지붕에는 양철을 올린 국보급 향토자원이다. 미래 유산으로 정해서 함양군이나 국립공원사무소에서 잘 보살피면 좋겠다. 마을길 끝에, 호두나무가 그늘을 드리운 운치 있는 쉼터에서 구멍가게의 할머니가 파는 막걸리 한 잔만으로도 '칠선계곡 효과'가 있을 것이다. 안주로 삼을 풍경과 공기는 공짜이다.

옥빛 계류

두지터에서 10분쯤 올라가 칠선교 출렁다리에서 계곡 하류 물보라를 잠깐 보고 다시 30~40분 산길을 타야 칠선계곡의 상징인 선녀탕과 옥녀탕을 만날 수 있다. 여기부터 길은 거의 계곡을 끼고 올라간다. 1960년대 글과 비교하니 그때의 탕이 더 넓고 깊고 푸르렀던 것 같다. 지금은 상류에서 쓸려 내려온 모래와 자갈이 탕에 많이 담겼다. 비선담 출렁다리를 건너 조금 더 오르면 여기까지만 출입이 허용되는 전망 데크이다. 내려다보는 옥빛 맑은 못이 한 폭의 수채화이다.

　　이제 여기부터는 길이 있다 없다시피 하니 잘 살펴가야 하는 중·상류이다. 특히 내리막에서 조심조심해야 한다. 네 발로 기고, 밧줄을 당기고, 불규칙한 징검돌을 폴짝 뛰어넘고, 앞사람이 디딘 곳에 내 발을 딛고 가야 할 포인트가 많다. 길이 멀고 거친 만큼 자연은 아름답고 역동적이다. 시퍼런 물길 옆 소로를 조심조심 따라가다 때로는 이끼 낀 바위길을, 때로는 컴컴한 숲길을 넘나들며 칠선폭포, 대륙폭포, 삼층폭포, 마폭포를 비롯한 수십 개 소(沼)와 폭포를 따라 올라간다. 폭포마다 규격과 수량과 물기둥 각도가 다르고, 폭포를 받아 내는 물웅덩이 품과 깊이와 색이 다르다. 같은 것은 하나도 없으나 칠선계곡 경관에서 벗어나는 풍경은 없다.

　　올라갈수록 계곡길은 거칠고 물소리와 새 지저귀는 소리로 요란스럽지만, 먼 숲에서만 느낄 수 있는 고요함도 있고, 오래된 숲에서만 맡을 수 있는 냄새가 있고, 깊은 숲에서만 느낄 수 있는 두려움도 있다. 무작정 걷는 게 아까운 숲속의 숲, 자연 속의 자연이다. 그래서

일까, 과거에 이 계곡에서 곰을 많이 잡았다는 기록이 있고, 지금도 칠선계곡 일원은 먹이 식물이 많아 반달가슴곰이 가장 좋아하는 서식처 중 한 곳이다.

마지막 폭포인 마폭포에서 계곡 본류는 좌우 두 개 지류로 갈려 올라간다. 이 Y자 지형에서 가운데 지점에 있는 마폭포 주변이 우리나라에서 가장 인공 소음이 적은 곳이 아닌가 싶다. 차가 다니는 도로와 마을, 불경 소리가 울리는 절에서 가장 멀리 떨어져 있기 때문이다. 방송 시설이 있는 장터목대피소가 저 너머에 있으나 산자락 하나가 사이에서 소리를 막는다. 마폭포와 계곡물이 마르는 늦가을에 바람마저 잦아들면 그야말로 온 공기와 풍경이 정지한 듯 무중력 상태로 적막강산이다. 이런 곳에서 세상은 더욱 커지고 사람은 더욱 작아진다.

산이 높고 골이 거칠며 길이 멀어서 그랬을까, 칠선계곡에 관한 기록은 많지 않다. 천왕봉을 향했던 선인들의 유람록에 칠선계곡 코스는 등장하지 않고, 한국 전쟁과 빨치산 전투를 다룬 지리산 전사(戰史)에도 칠선계곡 이야기는 많지 않다. 다만 일제 강점기에 학도병으로 끌려가지 않으려고 청년들이 많이 숨어들었던 곳이 칠선계곡이었다는 기록이 있다. 숨어 버리면 찾기 어려운 험지이기 때문이다. 등산로가 개척된 것은 1964년으로, 부산일보에서 부산 지역 산악인들로 탐험대를 만들어 악전고투 끝에 4일 만에 천왕봉에 올랐다고 한다.

천왕봉은 칠선계곡 탐방로의 최종 목적지가 아니다. 즉, 천왕봉에서 중산리로 내려가든, 장터목을 거쳐 백무동으로 내려가든 그만큼 체력과 시간이 더 소요된다. 아마 지리산에서 가장 힘든 하루 코스일 것이다. 마폭포를 지나 이제 칠선계곡은 중봉 쪽 작은 계곡, 제석봉 쪽 큰 계곡으로 갈리고, 탐방로는 그 사이에 있는 천왕봉을 향해 급한 오르막이다. 두 계곡이 모이는 이 넓은 곳에 큰 비가 내리면 계곡 전체가 장엄한 폭포 제국이 되어 우람한 교향곡을 뿜어낸다. 주변 숲은 아래 활엽수림과 완연히 달라 고산지대 특유의 전나무, 주목, 구상나무가 나타나며 그 밑으로 관중, 박새 같은 고산식물이 빽빽하게 깔린다.

　길은 천왕봉에 가까워질수록 깎아지른 급경사로, 크고 작은 산사태로 길이 끊기거나 바뀌어 방향을 가늠하기 어려운 곳이 많다. 여기에 구름이 덮이거나 안개라도 끼면 더욱 길 찾기가 어렵다. 네 발로 오르고 오르다 마침내 기다란 철 계단을 만나면 이제 천왕봉에 근접한 것이다. 고개를 들면 하늘만 보이는 이 계단을 오르기가 벅차지만, 지척에 있는 천왕봉을 바라보는 것만으로도 소진되었던 에너지가 다시 보충된다.

　일곱 선녀가 내려와 노닐었을 만큼 아름다운 칠선계곡에 더해 지리산 최고봉인 천왕봉을 알현하는 산길을 걸었다. 몸은 고달프지만 마음은 한껏 뿌듯하다.

천왕봉

써리봉

치밭목

→ N

유평마을

중땀

새재

주차장

소막골
야영장

대원사

용소

왕등재

덕산

대원사계곡

맹세이골
자연관찰로

외곡마을

산청

지리산에 새로운 명소가 생겼다. 지리산은 험하다고 지레 겁먹고 못 오던 사람들에게 딱 맞는 길, 등산보다는 산책과 사색을 좋아하는 사람들에게 딱 좋은 길, 노약자도 어린이도 쉽고 안전하게 오르내릴 수 있는 쉬운 탐방로가 생겼다. 바로 대원사계곡길이다.

이 계곡은 골이 깊고 갈래가 많아 사시사철 산수를 콸콸 쏟아낼 정도로 수량이 풍부하다. 또한 수력이 강해 깊이 파인 암반과 산에서 쓸려온 집채만 한 바위가 많고, 급류와 웅덩이가 계속 반복되면서 주변 노송과 참나무와 어우러진다.

이름에서도 알 수 있듯 이 계곡에는 신라 시대에 창건된 이후 격동의 역사마다 불에 타고, 재건되기를 거듭한 끝에 오늘날 비구니 3

대원사 전경

대 사찰로 자리매김한 대원사가 있다. 대원(大源)은 '큰 근원'이라는 뜻으로, 자기 성찰을 하기에 어울리는 이름이다. 이곳에서 자기 성찰을 한 분 중에 성철스님이 있다. 인근 산청군 단성면에서 출생한 이영주가 23살 때 이곳 대원사에 들어와 수행을 하다가 해인사에 가서 성철스님이 되셨다. 당시에 명상을 하던 좌선대가 대원사 인근 산등성이에 남아 있다.

대원사 절 풍경은 언제나 단정하지만, 마당 가운데에 커다란 파초 잎이 코끼리 귀처럼 흔들리고, 대웅전 옆 배롱나무 거목에 붉은 꽃이 가득 피며, 8층 석탑의 붉은 기운이 파란 하늘과 대조되는 한여름 풍경이 가장 기억에 남는다. 주지를 하시던 묘명스님께서 내어 주

대원사 배롱나무

신 솔차 향기와 무공해 나물이 가득했던 점심 공양도 잊을 수 없다.

대원사 앞에 있는 긴 교량의 중간에서 하얀 암반을 내려다보면 동그란 구멍 몇 개가 보인다. 암반 오목한 곳에 소용돌이가 발생하면서 자갈이 빙글빙글 맴돌아 생긴 돌개구멍이다. 예전에 여기다 스님들이 음식을 보관했다는데, 차가운 암반이 냉장고 역할을 한 듯하다.

계곡길을 올라 큰 소나무가 듬성듬성한 곳에 이르면, 붉은 암반에 크고 삭은 웅덩이가 여러 개 파이고, 용이 승천할 때 암반을 부수어 생긴 듯한 직사각형 바위가 나뒹굴듯이 놓인 용소(龍沼)가 있다. 이 계곡에서 가장 운치 있는 풍경인데, 건너편 도로의 높은 옹벽이 용소의 아름다움과 어울리지 않아 안타깝다.

계곡이 생긴 모습대로 몇 구비를 돌아 오르면 유평마을이다. 마을 입구에 '가랑잎 초등학교'가 있다. 단풍 풍경이 운치 있어서 이런 이름이 붙었다는데, 현재는 폐교다. 유평마을은 예전에 대원사를 거쳐 천왕봉을 오르는 유람객들이 꼭 쉬거나 묵어가는 곳이라 해 유두류촌(遊頭流村)으로도 불렸다. 그 이름을 계속 썼으면 지금 유명한 관광마을이 되지 않았을까 생각해 본다.

유평마을 사람들은 본래 약초를 캐거나 화전을 하거나 숯을 굽거나 벌목을 하며 살았으며, 그런 주민들의 고단했던 삶이 퇴색한 마을 경관에 남아 있다. 유평마을에서 길을 더 오르면 조식 선생이 천왕봉을 오르던 유람길이 있고, 더 먼 옛날에 가야국의 마지막 왕이 쫓기듯 올라간 왕등재가 있으며, 새도 쉬어 간다는 새재마을에서 무재치기

폭포와 치밭목을 거쳐 천왕봉에 이르는 탐방로가 있다. 일제 강점기 때 일본 전투기 기름으로 쓰려고 소나무에 상처를 내고 송진을 채취한 흔적이 있고, 여전히 지리산 역사에서 큰 아픔인 빨치산 흔적도 곳곳에 있다.

새로 조성한 계곡길에는 이런 지역 특징을 쉽게 설명해 놓은 해설판이 곳곳에 설치되어 있고, 자연교육을 하거나 쉴 수 있도록 숲터를 조성해 놓았다. 특히 대원사 입구 맹세이골에는 자연관찰로를 조성해, 유치원생과 초등학생을 대상으로 하는 숲학교를 12년째 운영하고 있다. 국립공원 홈페이지 또는 전화로 예약하면 전문 해설사가 계곡의 자연과 문화를 생생하게 설명해 준다.

이 길을 내고자 군에서는 큰 예산을 지원했고, 절에서는 귀중한 땅을 내놓았으며, 국립공원에서는 자연을 배려한 세심한 공법으로 길을 닦았다. 이 길은 최대한 자연을 보호하면서도 사람들이 아름다운 자연을 찾아 마음껏 즐기고 배울 수 있으며, 동시에 지역경제에도 도움이 되고자 만든 길이다. 부디 이 삼박자가 오래도록 균형을 맞추어 나갈 수 있기를 바란다.

대원사계곡 ©최금옥

고즈넉하게 지리산 왕좌에 오르다

동부능선 (무재치기폭포-치밭목-천왕봉)

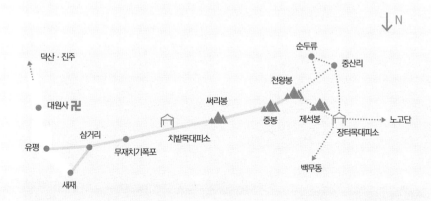

↓ N

덕산 · 진주

대원사 卍

순두류

중산리

천왕봉

써리봉

삼거리

치밭목대피소

중봉

제석봉

노고단

유평

무재치기폭포

장터목대피소

새재

백무동

지리산을 좀 다닌 사람이라면 일 년에 한 번은 꼭 들려야 직성이 풀린다고 할까, 숙제를 다했다고 할까 하는 곳이 바로 치밭목이다. 동서로 길게 뻗은 지리산 능선에서 동쪽 끝에 위치한 치밭목은 화엄사에서 대원사까지 이른바 화대종주를 하는 사람들이 스쳐 지나가거나, 중산리나 백무동 코스의 번잡함을 피해 고즈넉한 분위기에서 천왕봉에 오르려는 사람들이 즐겨 찾는 곳이다.

치밭목은 공원관리자들 몰래 중봉-하봉을 거쳐 조개골로 내려오거나 추성리 쪽으로 가려는 불법 산행자들이 눈치 보며 이용하는 거점이기도 하다. 그러나 중봉과 하봉 아래는 지형이 험하고 불법 산행자들이 '아무렇게나 다닌' 희미한 흔적이 여럿 있어 길을 잃기 쉬운 곳이다. 조개골은 과거에 무분별한 벌목과 화전으로 크게 상처가 났던 곳이라 상당한 기간 '생태계 회복'이 필요한 곳이다.

치밭목을 거쳐 천왕봉에 오르는 길은 지리산의 매력을 가장 잘 느낄 수 있는 코스이다. 성철스님이 청년 시절에 도를 닦았던 대원사를 지나, 깨끗한 암반과 소나무가 어우러져 잠시 앉았다 가기 좋은 계곡길을 걸어 오르면 아직 예전 산촌 모습이 남아 있는 유평마을이다. 마을 끝인 새재를 벗어나 조개골 입구에서 왼쪽으로 다리 건너 숲길로 접어들면 금방 지리산 중심에 들어온 듯 숲은 컴컴해진다. 길은 비교적 완만한 오르막이고, 거름기 많은 토양은 검고 푹신하며, 좁은 탐방로 곁에는 수풀이 가득해 바짓가랑이가 금방 이슬에 젖는다.

3km를 슬슬 걸어 계곡을 만나는 삼거리 나무 벤치에서 잠시

부처님이 재생한 날의 무제치기폭포

땀을 씻는다. 이어서 계곡에 붙었다 떨어졌다 하는 소로를 올라가 무재치기교를 넘으면 탐방로를 벗어난 50m 거리에 무재치기폭포가 있다는 표지판이 보인다. 폭포 방향으로 몸을 틀어 내려서면 곧 협곡의 차가운 기운이 몸을 감싸고 물 떨어지는 소리가 때로는 졸졸졸, 때로는 쾅쾅쾅 들린다. 3층으로 단을 이룬 거대한 암반에 미끄럼틀 같은 여러 개 물줄기가 하얀 물보라를 일으키며 바위에 붙어 흘러내리는 이색적인 경관은 보는 사람의 발걸음을 오래 멈추게 하고, 보고 간 사람의 가슴에 오랫동안 각인된다. 여름철 큰비가 내린 뒤 폭포는 여러 물줄기가 하나로 합쳐져 웅장한 오케스트라가 되고, 겨울철에도 거대한 빙벽으로 조각되어 시퍼렇고 서늘한 기운을 뿜어낸다. 무재치기란 말은 '물방울이 튀어 무지개를 친다'는 뜻이다.

　지난여름 심란한 일이 있어 폭우를 뚫고 이곳에 와 무심코 찍은 사진을 가족에게 보낸 적이 있었는데, 폭포 안에 부처님이 있다는 답글이 왔다. 사진을 확대해 보니 폭포 밑 바위와 물살이 부딪히면서 묘하게 스님이 정좌한 모습이 나타났다. 불자는 아니지만, 이 '무재치기 스님'을 보니 마음이 크게 진정되었다. 이후에 이 폭포에 들를 때마다 그 스님 형상을 보려 했지만 수량이 비슷할 때에도 그때 그 모습은 재연되지 않았다.

　폭포에서 1km를 땀나게 오르면 취나물이 많다 해서 취밭, 치밭으로 불렸다는 치밭목이다. 고(故) 최화수 선생은 『지리산365일』에서 치밭목은 "지리산 동부능선의 외로운 등대섬"이라고 적었다. 멀리서 출발해 천왕봉을 거쳐 밤늦게 지친 몸으로 내려서는 사람들에게 치밭목 등불은 힘겨운 항해 끝에 만난 등대처럼 반가웠을 것이다. 소박했지만 남루하기도 했던 치밭목산장은 2017년 60명을 수용할 수 있는 현대식 대피소로 재개장했다. 건물 앞마당에 손바닥만 하지만 옛 산장의 기초를 그대로 두어 추억을 남겼다. 오래된 참나무들 사이로 떠오르는 장엄한 일출과 밤하늘의 별바다, 청량한 물맛은 여전하다.

치밭목대피소를 출발해서 급경사 완경사를 번갈아 오르면 곧 써리봉-중봉-천왕봉으로 이어지는 능선 초입에 닿는다. 여러 개 봉우리가 써레처럼 생겼다는 써리봉 능선을 오르는 길은 지리산 동쪽 능선의 장쾌한 척추와 양쪽의 늠름한 갈비뼈, 멀리 첩첩한 산과 마을을

치밭목대피소

조망하며 걷는 길로, 마치 공룡 등허리를 타고 걷는 기분이다. 위험한 곳에 계단과 난간이 일부 있을 뿐 대부분 길은 자연 그대로, 옛날 그대로 거칠다. 지리산에서 가까이 보는 단풍이 가장 아름다운 길이 피아골 가는 길이라면, 멀리 보는 단풍이 가장 아름다운 길은 조개골과 천왕봉 아래 써리봉 능선길이다.

써리봉 정상에서 천왕봉과 중봉의 뒷모습을 바라보면, 제석봉에서 바라보는 날렵하고 길쭉한 봉우리 풍경과는 사뭇 다른 웅장한 뒤태가 드러난다. 손에 잡힐 듯 가까이 보이는 천왕봉이지만 써리봉에서 2.2km 오르막 산길은 1시간 넘게 올라야 하는 힘든 길이다. 중봉과 천왕봉의 키 차이는 40m에 불과한데, 명성 차이는 엄청나다. 2인

중봉에서 바라본 천왕봉

자의 설움이다. 그러나 마치 사람 인(人)자의 작은 획이 큰 획을 받치고 있듯이 중봉이 버티고 있어 천왕봉이 무너지지 않는 것 아닐까.

한겨울에 중봉에 서서 코앞의 천왕봉을 바라볼 때 천왕봉 정수리에 회오리바람이 휘몰아쳐 눈보라가 하늘로 솟구치는 모습을 보곤했다. 거꾸로 천왕봉에서 중봉을 바라볼 때 그런 모습을 본 적은 없다. 40m 차이로 천왕봉은 으스스했고, 중봉은 따뜻했다. 중봉에서 내려가 막바지 급경사 오르막을 가까스로 올라서면, 더 오를 곳 없는 바위 투성이 천왕봉이다. 이름이 왜 천왕봉(天王峯)일까? 1610년 이곳에 오른 박여량은 "이 산이 천왕봉이라 일컬어진 것은 하늘에 닿을 듯 높고 웅장하여, 온 산을 굽어보고 있는 것이 마치 천자(天子)가 온 세상을 다스리는 형상과 같아서"라고 했다.

늦은 오후 텅 빈 천왕봉에서 "한국인의 기상 여기서 발원되다"라는 표지석을 부여잡으니 비석에 담긴 정기가 몸에 전해지는 듯하다. 여기서 동쪽으로 웅석봉 능선과 저 너머 끝에 팔공산을, 남쪽으로 남강과 광활한 남해와 무등산과 월출산을, 북서쪽으로 반야봉, 만복대를 넘어 덕유산까지 백두대간의 용트림을 바라보면 저절로 마음이 탁 트인다. 몸을 돌려 시선을 365도 돌리니 시선 끝마다 지구 끝선이 둥그렇게 불룩하다. 과연 지구는 둥글다. 수십 번 올라와 익숙한 천왕봉이지만, 바라보는 경관과 감탄사는 매번 처음이다.

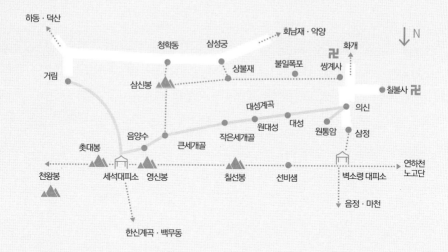

하동 · 덕산

청학동   삼성궁   회남재 · 악양
                                                      화개
거림   상불재   불일폭포   쌍계사
                                                              칠불사
         삼신봉
                              대성계곡   의신
                                    원대성   대성
촛대봉   음양수   작은세개골   원통암   삼정
                   큰세개골
천왕봉 세석대피소 영신봉   칠선봉   선비샘   벽소령 대피소   연하천
                                                          노고단

                                                       음정 · 마천

한신계곡 · 백무동

N

산에 가기로 하면 날이 맑기를 바라지만, 반대로 비를 기다려 우중 산행을 하는 것도 묘미이다. 비 내리는 날 꼭 그곳에 가서 비에 젖은 풍경을 보고 싶은 곳, 바로 여러 계곡에서 물이 모이는 큰 계곡이라는 대성(大成)계곡이다.

대성계곡을 가려면 섬진강 화개장터에서 길을 꺾어 벽소령 밑 의신마을에서 올라가거나, 함양 쪽 백무동이나 산청 쪽 거림에서 세석평전에 오른 후 대성계곡을 향해 내려서는 방법이 있다. 오늘 나는 거림에서 오르려고 아침 일찍 덕산에서 버스를 탔다. 하루에 몇 대 없는 버스인데, 하필이면 휴가철 주말이라 버스는 거림에서 약 2km 떨어진 내대리 삼거리까지만 운행한다고 한다. 거림에 운집한 차량들이 도로변에 마구 주차해 버스가 빠져나오지 못하기 때문이라 하는데, 실제로 가 보니 도로변에 차량은 거의 없었다. 사람들 의식 수준이 많이 좋아진 것을 행정이 따라가지 못하고 있다. 오늘 산행 거리는 거림에서 세석까지 6km, 세석에서 의신마을까지 9.1km인데, 내대리에서 거림까지 2km가 추가되어 아스팔트 오르막에서 30분 빗길을 걸었다.

거림(巨林)이라는 지명과 이곳 숲 모양은 일치하지 않는다. 숲은 나무들로 빼곡하지만 큰 나무는 별로 없고, 계곡 지형이라 숲이 넓게 보이는 것도 아니다. 예전에는

음양수 주변 안개

거대한 나무들이 숲을 이루었으나 마을에서 가깝고 길이 평탄한 탓에 큰 나무들이 마구 베어졌을 것이라고 상상해 본다. 빗줄기가 강해지니 비로소 거림답게 계곡물이 불어나며 큰 함성을 토해 낸다. 이 계곡길을 지날 때마다 바위굴을 들여다보는 습관이 있었다. 어떤 짐승이 자고 갔는지 발자국을 관찰해 보고, 언제나 정성스레 깔린 낙엽 이부자리가 여전한지, 굴 한쪽 화장실에 시큼하고 퀴퀴한 냄새가 얼마나 된 것인지 코를 대 보곤 했다. 오늘은 그냥 바라만 보고 지나간다. 비를 피해 그 짐승이 그 자리에 있을지 모르기 때문이다.

평탄한 오르막이 끝나는 북해도교 쉼터에서 시계를 들여다보니 거림 입구에서 1시간 20분이 넘었다. 세월이 갈수록 속도가 늦어진다. 이 지점부터 세석평전 아래 계류를 만나기까지 약 1.5km는 급경사 오르막이다. 평소에도 숨이 거칠어지는 곳인데, 습도가 높고 우비를 입어 굵은 땀이 연신 콧잔등에서 떨어진다. 한 시간쯤 걸려 간신히 올라와 개울을 만난다. 우리나라 산에서 해발 1,500미터쯤 되는 곳에 개울이 콸콸 흘러가는 곳은 여기뿐일 것이다. 촛대봉과 영신봉 사이의 넓디넓은 세석평전을 적시고 남은 물이 쏟아져 내리는 거림계곡의 최상류이다.

20분쯤 더 올라가 의신마을 8.6km, 세석대피소 0.5km 라고 써 있는 삼거리 이정표에서 좌회전해, 평편한 숲속에서 몇 개 도랑을 건너, 넓고 하얀 음양수* 암반에 도착했다. 미끄러운 암반을 내려가 음양수를 살피니 물이끼가 잔뜩 끼어 있고, 고인 물속에 음식 부산물이 불어 터져 있다. 음양수는 음과 양이 만나 생명을 낳는다는 성수(聖水)이고, 그래서 예전부터 아기를 갖고자 했던 부부들의 기도터였던 곳이건만. 주변에 불법 비박, 취사 흔적이 여전하니, 원인과 결과가 여기에 있다. 이런 행동을 하는 몇몇 사람이 모든 산악인의 이미지에 먹칠을 한다.

이제 길은 영신봉에서 삼신봉으로 이어지는 지리산 남부능선이다. 사람 흔적 적은 그늘에서 햇빛이 터지는 곳마다 참나리, 비비추, 동자꽃, 산수국, 큰까치수영, 며느리밥풀꽃 등 여름 야생화가 드문드

---

* 음양수 전설: 대성계곡에 살던 부부 호아(乎也)와 연진(連眞)에게 아기가 없었는데, 예전에 호아가 살려 주었던 곰이 연진에게 찾아와 음양수 물을 마시면 아기를 가질 수 있다고 알려 주었다. 연진이 당장 음양수를 찾아가 물을 마셨는데, 곰과 사이가 좋지 않던(또는 호아에게 화살을 맞은 적이 있던) 호랑이가 이 사실을 산신령에게 고해 바쳤다. 산신령은 음양수 신비를 인간에게 알려 준 곰을 잡아 토굴에 가두고, 연진에게는 세석평전 돌밭에서 평생 철쭉을 가꾸는 형벌을 내렸다. 세석

문하다. 이따금 죽은 조릿대 군락이 마치 불에 탄 듯 컴컴하게 보인다. 산죽이라고도 부르는 조릿대는 수십 년 주기로 꽃을 피운 다음 죽는다. 조릿대가 죽은 자리에 어떤 식물이 나올지 궁금하다.

음양수에서 1km 지난 삼신봉, 의신 갈림길에서 의신 방향으로 내려선다. 이제 큰세개골을 만날 때까지 1시간 정도 길고 지루한 급경사 내리막이 시작된다. 그 중간쯤* 컴컴한 등산로에서 하늘이 훤한 묘지 터가 나온다. 묘지 옆으로 높이 뻗은 전나무를 보니 햇빛 비치는 무덤 방향으로만 가지들이 쭉 뻗어 있고, 반대 방향인 어두운 숲 쪽으로는 가지가 없다. 묘지터에서 햇빛을 받지 못했다면 이 나무는 다른 나무들과의 경쟁에서 벌써 밀려났을 것이다. 누군가 죽어서 이 나무의 생명을 연장시켜 준 셈이다.

내리막 기울기가 덜해지고 물소리가 가까워지며 영신봉에서 발원한 큰세개골과 만난다. 급류를 이루며 아래 방향으로 서두르는 청정 계곡을 만나 반갑지만, 이 나무 저 나무에 구멍을 뚫고 고로쇠 수액을 받았던 고무호스가 마음에 걸린다. 영신봉 방향으로 올라가는 샛길을 막으려 세워 놓은 고사목 무더기 옆으로 통로가 뻥 뚫린 모습도 눈에 거슬린다.

이제 대성계곡 본류인 큰세개골과 작은세개골이 합류해 수량이 늘고, 울퉁불퉁한 암반과 큰 바위 사이로 급경사 폭포와 물웅덩이가 연이어 나타난다. 아름답고 역동적이며, 부서지는 물방울이 등산로까지 튀어 오르는 듯하다. 골이 깊고 양쪽 산의 경사가 급해 협곡을

평전의 철쭉은 연진 애달픈 모습을 닮아 매년 애처롭게 피고 지었다. 연진은 촛대봉에서 산신령에게 죄를 빌다가 남편을 그리워하는 망부석이 되었다. 한편 호야는 사라진 연진을 찾으려고 지리산 일대를 헤매다가 세석평전을 바라보는 봉우리에서 아내를 그리워하는 돌이 되었다. 이후 산신령은 노여움을 풀고 음양수를 인간에게 개방했다.

이루는 지형이므로 이리 들어온 물이 빠져나가지 못하는 것처럼 사람 역시 이 계곡을 쉽게 벗어나지 못하는 지세이다. 그래서 그랬을까, 1952년 1월 토벌대 작전에 속아 이곳으로 몰린 빨치산 수백 명이 거의 몰살을 당했다는 현장이다. 적과 아군의 관계를 떠나, 이념을 떠나, 그저 살고 싶어 몸부림쳤을 수백 명의 마지막 모습이 대성계곡에 투영되는 듯하다. 사람뿐만 아니라 온갖 초목과 동물도 난데없는 변을 당했을 것이다. 푸르스름한 안개가 낀 숲에는 거목이 없다. 두께가 엇비슷한(즉 나이가 비슷한) 나무들이 대부분이다. 새 풀이 돋고 나무가 자라 슬픈 역사의 흔적은 사라졌지만 축축하게 젖은 숲에는 여전히 슬픔이 머무는 듯하고, 마침 크게 불어난 대성골의 물소리가 대성통곡처럼 들린다.

깊은 계곡에 아직 주민이 몇 명 사는 원대성마을에서 대성계곡과 헤어져 약 1시간 오솔길을 내려서면 의신마을이 보인다. 옛날에는 청학동 중 한 곳이라 했을 만큼 길한 곳이었으나, 전란이 있을 때마다 불에 타는 아픔이 있었고, 지금은 번듯한 펜션 건물이 계속 들어서는 넉넉한 마을이다. 의신마을은 지리산 능선 중심인 벽소령으로 올라가는 길목이고, 마을 아래에 서산대사길이라는 부드러운 계곡길과 마을 위에 설산습지 생태탐방로가 생겨 찾는 이들이 많아졌다.

마을 뒤 덕평봉 아래에는 서산대사가 공부했던 원통암이라는 유서 깊은 암자가 있다. 마을에서 원통암까지 900m라는 표지판을 보고, 금방 다녀오자 하고 나섰으나 계속되는 오르막은 이미 체력이 떨어진 나에게 고행길이다. 실제 40분쯤 걸었으니 적어도 1.5km는 되지 않을까? 숲속에서 꺾어지는 돌길마다 시원한 계류를 만나 아예 머리를 처박고 체온을 식히길 여러 번 끝에, 드디어 서산선문이라는 편액이 맞아 주는 원통암에 올랐다. 원통암은 서산대사가 산 아래 신흥마을의 내은적암과 더불어 20여 년을 수행한 곳이다. 이런 고행 끝에 오르는 길이니 아마 서산대사께서는 마을에 내려갈 엄두를 못 내 공부만 열심히 하신 게 아닐지. 서산대사는 불교, 유교, 도교의 조화를 주창했는데, 그런 포용적인 사상이 바로 지리산 정신이기도 하다.

울림이 있고 여운이 남는

칠암자길

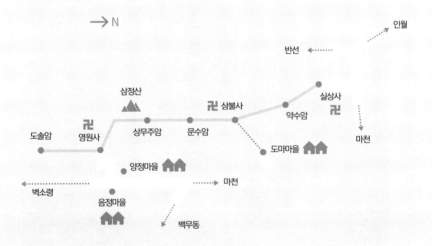

→ N

인월

반선 ←·······

삼정산

권 삼불사

실상사

도솔암   영원사   상무주암   문수암   약수암   권

양정마을

도마마을   마천

벽소령 ←·······   ·······→ 마천

음정마을

·······→ 백무동

　　지리산 칠암자길은 연하천 인근 삼각봉에서 북쪽으로 갈라진 삼정산 자락의 산허리에 점점이 박힌 일곱 개 절을 잇는 산길이다. 부처님을 모신 큰 전각(대웅전)이 있느냐 없느냐로 구분하는 사찰과 암자로 엄격하게 따지면 3사(寺) 4암(庵)이지만, 깊은 산에 숨은 듯 고즈넉한 분위기는 모두 비슷해 칠암자라 부른다. 도솔암은 부처님 오신 날에만 길을 개방하는 구역에 있으므로 평소에는 육암자길이다.

　　함양군 양정마을에서 시작하는 육암자길은 약 11km, 음정마을에서 시작하는 칠암자길은 약 13km에 이른다. 산행 초입의 오르막을 제외하고는 대체로 해발 1,000m에서 300m까지 내리막길이지만, 군데군데 급경사와 축축한 너덜길이 있어 조심해야 한다. 일부 산꾼들이 멋대로 다니는 소로를 잘못 따라가다 길을 잃기 쉬우므로 반드시 정해진 탐방로로 다녀야 한다.

　　옛 스님들이 이곳을 어떻게 찾아냈는지, 해발 1,200m 험한 산중에 불쑥 나타난 너른 전망 터에 도솔암이 자리하고 있다. 불교에서 도솔(兜率)은 세상의 중심인 수미산 꼭대기에 있는 이상 세계를 일컫는다. 이름 뜻대로 도솔암은 멀고 먼 산꼭대기에서 천왕봉을 비롯한 지리산 마루금이 훤히 바라보이는 이상적인 장소에 있다. 절집은 소박하고 단정하며, 평화롭고 안락하다. 세상을 떠나 초연하게 수행하기에는 딱 맞는 곳이다. 절간 뒤편에 철철 넘치는 약수를 한 사발 들이켜니 차가운 기운이 실핏줄까지 전해진다.

　　청량한 기분으로 도솔암에서 한 시간쯤 오솔길을 내려와 영원사에 다다른다. 서산대사, 청매, 사명대사 등 고승들이 수행했던 사찰이었건만 그 분들이 계셨던 흔적들은 사라졌다. 1948년 여순 사건 때 불에 탔기 때문이다. 주지스님 방에 걸린 옛 영원사 흑백 사진을 보니 지금보다 10배나 더 큰 사찰이었다. 영원사 앞뜰에서 바라보는 지리산 골격이 우람하다. 지리산에 묻힌 절이 아니라 절이 지리산을 펼쳐 광대한 앞산으로 삼은 듯하다.

영원사 뒤뜰의 경사지에는 멸종위기 야생식물인 복주머니란이 자라고 있다. 과거에는 풍성한 군락을 이루고 있었지만 이제는 불과 수십 촉이 아슬아슬하게 명맥을 이어가고 있다. 국립공원사무소와 영원사가 협약을 맺어 보호 시설과 감시 카메라를 설치해 애지중지 보살피고 있지만, 사람 손을 타지 않을지 늘 불안불안하다.

불타기 전 영원사. 1938년

영원사에서 800m쯤 오르막길을 오르면 빗기재 정상이고, 여기서 오솔길 1km를 더 가면 상무주암이다. 이따금 소나무 고목과 어우러진 지리산 전망 터가 있어 쉬엄쉬엄 간다. 보조국사 지눌과 진각국사 혜심이 수도한 상무주암은 저절로 생각이 깊어지는 고적한 절집이다. 작은 마당 가운데에 평편한 돌 하나가 빈 주춧돌처럼 앉아 있고, 그 뒤 낮은 돌담 너머로 지리산 원경이 구름과 함께 떠 있다. 바라만 봐도 부처가 되는 풍경이다.

상무주암에서 문수암까지 1km 숲길은 군데군데 경사가 급하고 항상 습도가 높아 미끄러운 돌길이다. 어둡던 소로 끝에 확! 나타나는 문수암과 탁 트인 전망에 와~! 하며 내려선다. 커다란 바위 앞에 축대를 높게 쌓아 만든 좁다란 땅에 살짝 들어선 법당은 절이라기보단

현재 영원사

137

문수암 얼굴 바위

외갓집 사랑채 같이 정겹다. 법당 문도 쪽방 문도 잠겨 있다. 자상하고 말씀이 많으셨던 스님은 연로해서 내려가셨다 하고, 새 스님 부임이 오래 걸리나 보다. 외할아버지 같은 분이 오시면 좋겠다.

여기 오면 늘 하던 대로 굴처럼 옴팍하게 파인 큰 바위에서 나오는 물 한 모금으로 몸 안을 식히고, 물 한 바가지로 몸 밖을 식힌 후, 좀 물러나 바위 곁에 조각된 큰 바위 얼굴 사진을 찍는다. 무너지지 않을까 염려스러운 축대 위 좁은 마당에 부서지지 않을까 염려스러운 허름한 나무 의자가 있다. 여기에 앉아 가까이 우람한 첫 산자락과 멀리 첩첩한 산체와 그 위로 빨리 흘러가는 구름을 바라보니, 지리산 입체 영화를 보는 느낌이다. 이 굉장한 풍경을 공짜로 보고, 이리 마음이 두근거리니, 이번 산행도 돈 한 푼 안 드는 신선놀음이다.

다시 1km, 골목길 같은 산길을 내려서면 산자락 허리에 자리한 삼불사이다. 문수암과 비교하면 터가 훨씬 넓고, 너른 법당과 여러 전각이 있어 상대적으로 '있어 보이는' 절이다. 작년에는 인상이 인자한 비구니 스님이 계셨는데, 이번엔 콧수염이 선명한 청년(?) 스님이 계신다. 살림집 같이 평범하게 생긴 법당 앞에 앉으니 왼쪽으로 지리산 바깥 산들과 마을이, 오른쪽으로 멀리 천왕봉에서 하봉-추성리로 흘러내리는 능선의 실루엣이 부드럽다. 여기서 보면 슬슬 올라갈 수 있을 것 같은데, 실제 가 보면 계속 급한 오르막이다. 느긋하게 바라보는 원경과 당장 헤쳐 나가야 하는 근경의 차이이다. 발끝은 금낭화의 분홍, 앞 산은 초록, 먼 산은 파랑, 그 위 구름은 하양, 칠암자 코스에서

삼불사에서 바라보는 지리산

가장 다양한 풍경이 담긴 마지막 그림이다.

　삼불사에서 약수암까지 2.4km는 심심한 오솔길이며 그 끝에 널찍한 산길이 나오고, 내려갈수록 '지리산 맛'이 사라지며 동네 뒷동산 풍경이 나타난다. 이리저리 에둘러 가는 길이 지루할 즈음 약수암에 도착한다. 절의 물이 얼마나 맛있으면 약수암(藥水庵)일까? 돌확 두 개에 담겨 흐르는 물 한 모금 넘기는데 생각보다 밍밍하다. 산꼭대기에서 이미 너무 달게 물을 마신 탓일까? 절집의 반질반질한 마루에 엉덩이 붙이고, 최대한 편안한 자세로 단출한 보광전을 힐끗 올려다보고, 햇빛 부서지는 마당 끝 텃밭을 내려다본다. 코끝에 바람이 일며 살

실상사 입구 석장승

살 졸리다.

　약수암에서 실상사까지 편안한 산책로와 걷기 불편한 콘크리트 임도가 이어지다가 논밭과 어우러진 평지가람 실상사에 이른다. 가까이서 보는 전각과 석탑은 꽤 규모가 있지만 한쪽 구석에서 멀리 보는 실상사는 낮게 엎드려 있는 듯하다. 높지만 낮게 보이는 지리산과 같다. 절 마당 한가운데서 바라보는 지리산 상봉(천왕봉)-중봉-하봉의 실루엣이 선명하다. 전각마다 의미가 있는 실상사에서 단 하나의 전각을 택하라면 약사전이다. 예쁜 꽃살문으로 눈요기하고, 천왕봉을 바라보고 계신 육중한 철 불상에게 합장하고, 그 뒤에 이호신 화백이 그린 탱화(지리산 생명평화의 춤)를 보면서 지리산의 역사와 사연을 음미해 본다. 절을 나와 속세와 경계를 이루는 개울, 만수천을 건너기 전에 잡귀 출입을 막는 돌장승이 큰 눈으로 나를 꿰뚫어 본다. 나는 잡귀가 아니야 하고 얼른 세속으로 나아가며 오늘 순례길을 마무리한다.

　칠암자길은 지리산 안에서 지리산을 보며 걷는 길이다. 외로운 산길에 문득문득 나타나는 낙락장송과 부처바위와 그 바위에 뿌리를 붙인 가냘픈 야생화를 보며 경외심을 느끼는 길이다. 비바람이 모질고 안개가 짙고 어두워도 지리산 풍경을 가슴으로 보며 걷는 길이다. 그러니 수십 명이 함께하는 떠들썩한 단체 산행이 아니라 서너 명이 온 듯 안 온 듯 스쳐가는 길이 되기를 바란다. 그리고 궁금하더라도 절 안쪽은 스님들의 조용한 기도처로, 탐방로 바깥쪽은 야생 동식물의 안전한 서식처로 배려하는 길이 되기를 바란다.

실상사에서 바라보는 천왕봉

알
다

이름 유래

지이산(智異山)이라고 쓰고 지리산이라고 읽는다. 지혜(智)가 남다른(異) 산이어서 또는 지리산에 들어오면 지혜가 달라져서 돌아간다고 해설하기도 하지만, 이는 말 그대로 해설이지 정설은 아니다. 예부터 지리산은 지리산, 두류산, 방장산 등으로 불렀다.

지리산의 '지리'는 한자어가 들어오기 이전부터 있었던 순우리말로 보인다. 아마 이는 '지루하다'의 사투리인 '지리하다'에서 비롯했으리라 추정한다. 산이 워낙 넓고 길이 멀어서 지역 사람들에게는 '지리한' 산으로 비쳤을 것이다. 고문헌에서 지리산은 순우리말 '지리'를 각각 다른 한자로 표기한 智異山, 地理山, 知異山, 地異山, 智理山으로 나타난다. 지리산의 최초 한자어 기록(知異山)은 최치원이 쓴, 하동 쌍계사 진감선사탑비(국보 47호) 비문에서 볼 수 있다. 1145년 김부식이 편찬한 『삼국사기』에는 '地理山'으로, 『고려사』에는 주로 '智異山'으로 기록되어 있다.

두류산(頭流山)은 백두산에서 뻗어 내린 산이라는 뜻이고, 바다를 만나 산이 멈추어서 두류(頭留)라고 쓰기도 한다. 이는 단순한 산이 아니라 백두대간을 따라 백두산의 신령스러움과 정기를 이어받은 산이라는 의미이다. 고려 시대에는 지리산을, 조선 시대에는 두류산을 더 많이 썼다. '두류' 또한 순우리말로 볼 수도 있다. 높은 곳을 뜻하는 '달'이라는 말이 다루〉두류로 변했고, 이를 한자어로 쓴 것이 두류(頭流)라는 의견이다. 혹은 산이 크고 넓어 두루두루, 둘레 같은 말에서 비롯했거나, 산세가 두루뭉술하다는 데에서 두류가 나왔다고 해석하기도 한다. 이성부 시인은 넓고 크다는 뜻인 두루, 두리를 드리, 디리로 쉽게 부르다가 구개음화 과정을 거쳐 '지리'가 된 것으로 보기도 한다.

방장산(方丈山)은 지리산을 중국 전설에 나오는 삼신산(三神山)의 하나로 생각해 붙인 이름이다. 진시황이 불로초를 구하려고 방장산에 서복을 파견했다는 설화가 지리산 지역에 남아 있다. 방장(方丈)은 '크기를 가늠하기 어려운 넓은 공간'이라는 뜻이다.

한편, 불교계에서는 대지문수사리보살(大智文殊舍利菩薩)의 지(智)와 리(利)를 따다 지리산(智利山)으로 불렀다고 한다. 여기서 문수사리는 석가모니불을 왼쪽에서 보좌하는 보살로, 부처의 지혜를 상징한다. 따라서 지리산은 문수보살의 지혜가 있는 산, 또는 그런 지혜를 얻는 산이라고 해석할 수 있다.

위의 내용을 종합해 보면 지리산이라는 이름에는 다음과 같은 여섯 가지 뜻이 담겨 있다.

① 지리산: 지리할 정도로 큰 산

② 智異山 : 지혜가 남다른 산, 지혜로운 사람이 있는 산, 들어
오면 지혜가 달라지는 산

③ 智利山 : 문수보살의 지혜가 있는 산

④ 두류산 : 두루 둘린 큰 산

⑤ 頭流山 : 백두산 정기를 이어받은 산

⑥ 方丈山 : 신선이 사는 신령스런 산

그리고 이 모든 의미를 모아 보면 지리산은 '지혜롭고 신비스
런 기운이 서린 큰 산'이라는 뜻이다.

지형, 지질, 기후

　　한반도는 약 1억 8,000만 년 전에 생겨났고, 약 6,300만 년 전에 지각운동으로 솟아오르면서 동고서저(東高西低)의 지형 골격이 잡혔다. 이때 현재의 태백산맥과 소백산맥이 형성되었으며 그 남쪽 끝에 지리산이 있다. 경상남도 하동, 산청, 함양, 전라북도 남원, 전라남도 구례에 걸친 지리산 면적은 국립공원 구역만 483km²로서 공원 구역 밖의 산자락을 합하면 700km²가 넘는 우리나라 최대 산악이다. 지리산은 북서쪽 덕두산에서 정령치를 거쳐 성삼재까지 이어지는 서북능선과, 성삼재에서 동쪽으로 반야봉과 천왕봉을 거쳐 왕등재까지 이어지는 동서능선을 축으로 수십 개 능선이 갈비뼈 모양으로 뻗어 나가 큰 골격을 이룬다. 최고봉인 천왕봉(1,915m)을 정점으로 제석봉(1,806m), 반야봉(1,732m), 영신봉(1,651m), 노고단(1,507m), 만복대(1,433m) 등 1,000m가 넘는 38개 봉우리가 웅장한 산세를 이루고, 수십 개 능선 사이마다 깊은 골짜기와 계곡을 형성해 북동쪽 수계는 임천강과 덕천강에서 남강을 거쳐 낙동강으로, 남서쪽 수계는 섬진강으로 흘러가 남해로 유입된다.

지리산 전체 모양은 지리산 대부분 지역을 덮고 있는 편마암 때문에 부드럽다. 편마암은 화강암이 열과 압력을 받아 변한 변성암의 일종이다. 편마암 지질은 오랜 기간 이루어진 침식과 풍화 작용으로 산 표면에 일정한 두께의 토양층이 형성되어 암석이 잘 드러나지 않고 토심이 깊어 삼림이 무성하다. 지리산 일부 지역에는 화강암도 분포한다. 화강암은 지하에서 마그마가 굳어 생긴 암석으로 지표에 드러나 다양한 암석 지형을 이룬다. 이와 같이 토양층이 많은 지리산을 흔히 토산(土山), 육산(肉山)으로 표현했고, 살(흙)이 많고 뼈(암석)가 적다해 다육소골(多肉少骨) 산으로 불렀다.

지리산 남쪽은 대체로 화강암이 많아 암석이 지표에 드러나고 토양층이 얇다. 북쪽은 주로 편마암이 분포해 토양층이 두껍고, 겨울철에 적설량이 많아 봄에도 일정한 습도가 유지되므로 산림이 잘 발달한 편이다. 그 결과 북사면은 남사면에 비해 울창한 수목 지대를 이루고, 남사면은 일조량이 많고 여름철 강수량이 많아 농경에 유리해 인구수가 많다.

지리산은 동서 방향 주능선을 경계로 남북 기후 환경 차이가 크다. 지리산 북서쪽은 겨울철에 차가운 북서계절풍 영향을 받아 기온이 낮고, 남동쪽은 남해안 따뜻한 공기가 유입되어 상대적으로 기온이 높다. 지리산 남쪽은 습기를 머금은 남동계절풍 영향으로 북쪽보다 강수량이 많고, 비구름이 산에 막혀 머물면 집중 호우가 발생할 우려가 크다. 해발 고도에 따라 고지대로 갈수록 기온은 낮아지고 강수량은 증가하며, 풍속이 빨라져 지점별로 미기후 차이가 크다.

지리산 지질도

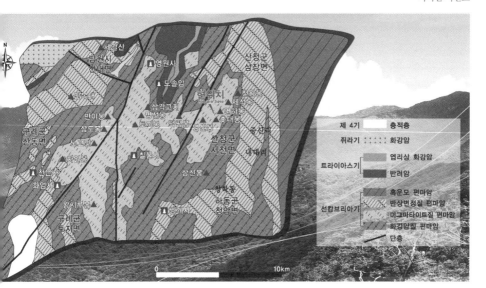

권역 인식

삼한과 삼국 시대에는 지리산을 영토 다툼을 했던 변방의 한 쪽 봉우리로 인식했을 것이다. 지리산이 온전히 한 국가의 국토가 된 것은 신라가 삼국을 통일한 676년 이후로, 이때부터 천왕봉, 반야봉, 노고단 등 높은 봉우리를 아우르는, 동서에 걸친 큰 산으로 여겼을 것이다.

현재 지리산이 행정적으로 전라북도-전라남도-경상남도에 걸친 것처럼 통일 신라 시대 때에도 전주-무주(광주)-강주(진주)에, 고려 시대와 조선 시대에도 전라도-경상도 구역에 걸쳐 있었다. 따라서 역사의 굴곡에 따라 지리산의 중심은 때로는 경상도였다가, 때로는 전라도이기도 했다.

신라 시대에는 당연히 경주에서 가까운 '강주(진주) 지리산'이 중심이었다. 고려 시대부터 15세기까지는 남원에 속하는 '전라도 지리산'으로 보았다. 이는 신라와 차별을 두려는 고려 왕조의 의도이기도 했고, 당시에 개경에서 지리산으로 갈 때 경상도 방향의 험한 백두대간을 피해 전라도 쪽으로 가는 것이 훨씬 쉬워서이기도 했을 것이다. 16세기 이후부터 지리산 중심은 점차 경상도 쪽으로 옮겨 갔다. 이는 영남 출신 유학자들이 16세기에 들어와 정계를 주도하고, 경상도 쪽 지리산을 유람한 후 많은 글을 남겼기 때문이다. 또한 1589년 역모를 도모했던 정여립이 전라도 쪽 지리산에서 자기가 왕이 된다는 소문을 퍼뜨렸다는 것도 지리산 중심을 경상도에 둔 계기가 되었다.

조선 시대 문장가 유몽인은 『유두류산록(遊頭流山錄)』(1611)에서 지리산을 어느 지역에 편향된 산이 아닌, 하나의 거대한 산체(山體)로 인식했다.

"지리산은 백두산에서 4,000리나 뻗어 온 웅혼한 기상이 남해에 이르러 엉켜 모여 우뚝 일어난 산이다. 안의와 장수는 그 어깨를 메고, 산청과 함양은 그 등을 짊어지고, 진주와 남원은 그 배를 맡고, 운봉과 곡성은 그 허리에 달려 있고, 하동과 구례는 그 무릎을 베고, 사천과 곤양은 그 발을 물에 담근 형상이다. 그 뿌리에 서린 영역이 영남과 호남의 반 이상이나 된다."

지리산의 웅장함과 광대함에 대해 작가 조정래는 그의 책 『태백산맥』에서 다음과 같이 묘사했다.

"지리산은 산이 산을 품고, 산이 산을 업고, 산이 산을 거느리고 있는, 그 크기도 모양새도 쉽사리 알 수 없는 미궁의 산이다."

지리산은 경계를 간단히 정할 수 없다. 지리산국립공원 면적은 483km²이지만, 1963년 지리산지역 개발조사 연구위원회의 보고서에는 지리산 면적이 약 1,983km², 임야 면적이 약 1,488km²라고 기록되어 있다. 즉, 지리산이 미치는 산줄기와 물줄기의 범위는 현재 공원 면적의 4배에 이르고, 임야만을 기준으로 해도 3배에 이른다. 1963년 이후 이어진 개발로 임야 면적이 절반으로 줄었다 가정하더라도 현재 국립공원 면적의 1.5배에 이르는 넓은 지역을 지리산으로 부를 수 있다.

이와 같이 지리산은 현재 국립공원 구역으로만 한정해 보지 말고, 수많은 봉우리에서 갈려 나간 산줄기와 수많은 계곡에서 뻗어 나간 물줄기, 그곳에 터를 잡은 마을과 농경지를 아우르는 거대한 권역으로 이해해야 한다.

생물 현황

　　2020년 기준으로, 지리산에 사는 생물은 총 1만 653종*으로, 이는 남북한 생물종을 합친 5만 4,428종의 약 20%에 해당한다. 한반도 면적의 0.2%에 불과한 지리산에 이만큼 다양한 생물이 사니 지리산은 생태계의 보물창고라고 할 만하다.

　　지리산은 해발 1,000m가 넘는 38개 봉우리와 여기서 갈려 나간 수백 개 산줄기와 계곡, 산 정상부의 고원 지대, 습지, 공원 경계부 논밭 등이 어우러지며, 편마암 기반 지질이 두껍고 비옥한 토양층을 형성해 다양하고 풍부한 자연생태계가 나타난다.

　　그러나 우리나라에서 가장 넓은(483km²) 국립공원인데도 대형 포유류가 거의 멸종한 것은 안타까운 현실이다. 여러 문헌과 증언을 보면 호랑이는 1960년대까지, 늑대는 1970년대까지 생존했고, 반달가슴곰은 1990년대까지 몇 개체가 생존한 흔적이 있었다. 담비와 삵이 무인 카메라에 촬영되고 있으나 개체 수가 충분하지는 않고, 포식자가 사라진 상태에서 멧돼지와 고라니가 증가하는 불균형 현상이 초

---

* 식물 1,856종, 포유류 47종, 조류 118종, 양서류 13종, 파충류 11종, 어류 38종, 곤충 5,053종, 기타 (균류, 미생물 등) 3,517종

래되고 있다. 지리산을 뺑 둘러 도로와 마을이 있고, 연간 300만 명 이상 탐방객과 주민이 지리산 곳곳을 돌아다니는 현실에서 온전한 동물생태계가 유지되기는 어렵다.

식물생태계는 전반적으로 잘 보전되고 있으나 복주머니란, 기생꽃 같은 희귀식물과 약초를 불법 채취하는 일은 근절되지 않고 있다. 기후변화로 구상나무 군락이 전반적으로 쇠퇴하고 있으나 일부 지역에서는 정상적으로 생장하기도 한다. 숲의 변화 과정에서 침엽수 쇠퇴는 자연스러운 현상이기도 해서 어떤 식물로 대체되는가를 모니터링하고 외래종 유입 방지에 더 많은 관심을 가질 필요가 있다.

지리산에서 처음 발견되었거나 주로 지리산에 사는 특산식물 이름에 접두어 '지리-'가 붙은 식물이 많다. 이를테면 지리강활, 지리고들빼기, 지리괴불나무, 지리대사초, 지리말발도리, 지리바꽃, 지리사초, 지리산고사리, 지리산김의털, 지리산바위떡풀, 지리산숲고사리, 지리산싸리, 지리산오갈피, 지리산하늘말나리, 지리실청사초, 지리오리방풀, 지리터리풀 등이 있다. 지리산에는 멸종위기 야생생물이 44종 서식한다.

국립공원연구원에서 2017~2018년 지리산국립공원을 대상으로 정밀식생도를 제작한 결과, 주요 식물 군락과 식생 특징은 다음 표와 같다. 지리산의 대표 식생은 신갈나무가 우점하는 낙엽활엽수림이다. 그러나 식생영급에서 보는 바와 같이, 71년생 이상 식생은 지리산 면적의 0.53%인 2.52km²에 불과하다.

* I 등급: 식생 천이의 마지막 단계에 이른 극상림 또는 그와 유사한 자연림
Ⅱ등급: 자연 식생이 교란된 후 다시 자연 식생에 가깝게 회복된 식생
Ⅲ등급: 자연 식생이 교란된 후 회복 단계에 있거나 인간에 따른 교란이 계속되는 식생
Ⅳ등급: 인위적으로 조림된 식재림
Ⅴ등급: 2차적으로 형성된 초원 식생. 과수원, 유실수 재배 지역, 묘포장, 논밭 등 경작지 또는 녹지가 많은 주택지(녹피율 60% 이상)

지리산 멸종위기생물 목록

구분		종명
동물	포유류	반달가슴곰, 수달, 담비, 삵, 무산쇠족제비, 하늘다람쥐
	조류	독수리, 매, 벌매, 참매, 붉은배새매, 새매, 솔개, 큰말똥가리, 새호리기, 올빼미, 조롱이, 긴꼬리딱새, 까막딱다구리, 양비둘기
	어류	얼룩새코미꾸리, 모래주사
	파충류	구렁이, 표범장지뱀
	곤충	산굴뚝나비, 붉은점모시나비, 왕은점표범나비, 큰홍띠점박이푸른부전나비, 창언조롱박딱정벌레, 비단벌레, 꼬마잠자리, 물장군, 애기뿔소똥구리
식물		가시오갈피나무, 개병풍, 기생꽃, 복주머니란, 날개하늘나리, 노랑붓꽃, 백부자, 산작약, 석곡, 세뿔투구꽃
균류		화경버섯

지리산국립공원 식생 특징

식생보전등급*		식생영급**				식생경급***	
구분	비율(%)	영급	비율(%)	영급	비율(%)	경급	비율(%)
I등급	26.7	0	0.68	6	11.09	0	0.75
II등급	66.6	1	0.08	7	2.44	1	7.19
III등급	2.3	2	0.17	8	0.01	2	84.6
IV등급	4.0	3	1.65	9	0.01	3	7.5
V	0.5	4	31.11	10	0.51		
		5	52.25				

** I 영급(齡級): 나무 나이를 10년 기준으로 나눈 구분. 1영급은 1~10년생, 5영급은 41~50년생
***경급(徑級): 나무의 흉고직경(가슴높이 지름) 크기에 따른 구분. 치수(0)는 흉고직경 6cm 미만, 소경목(1)은 6~18cm 미만, 중경목(2)은 18~30cm 미만, 대경목(3)은 30cm 이상

지리산국립공원 식물군락 현황

대분류		주요 식물 군락	
구분	비율(%)	구분	비율(% / 분류 내)
산지 낙엽수림	68.5	신갈나무 군락	36.1
		굴참나무 군락	7.3
		졸참나무 군락	7.2
		신갈나무-굴참나무 군락	4.9
		굴참나무-졸참나무 군락	4.3
		졸참나무-굴참나무 군락	4.2
		신갈나무-구상나무 군락	3.3
산지 습성림	14.1	층층나무 군락	15.5
		들메나무 군락	11.1
		개서어나무-졸참나무 군락	9.5
산지 침엽수림	8.9	소나무림	80.1
		소나무-신갈나무 군락	8.8
		소나무-굴참나무 군락	5.9
식재림	4.0	일본잎갈나무 식재림	64.4
		잣나무 식재림	17.3
		리기다소나무 식재림	6.3
아고산 침엽수림	3.8	구상나무 군락	28.4
		구상나무-전나무 군락	22.3
		구상나무-신갈나무 군락	20.1
기타	산지관목림	0.15	철쭉-산철쭉 군락	33.5
			철쭉-진달래 군락	17.7
	아고산 활엽수림	0.14	사스래-층층나무 군락	77.1
			사스래-신갈나무 군락	10.4

아기 고라니

너구리

아무르장지뱀

복주머니란

노루귀 ⓒ 채현진

노랑물봉선

반달가슴곰

깃대종(flag species)이라는 개념이 있다. 어떤 지역을 대표하는 생물을 깃발처럼 상징으로 내세워, 그 생물의 중요성과 서식 상황(위협 요인)을 사람들에게 널리 알리고자 만든 개념이다. 전문가와 지역주민 대표가 모여서 결정한 지리산의 깃대종은 히어리와 반달가슴곰이다.

1996년, 환경부는 지리산에 야생 반달가슴곰이 5마리 정도 서식한다고 공식 발표했다. 이후 지리산 야생동물 생태계 정밀조사가 이루어졌고, 이 조사 결과를 토대로 2000년부터 반달가슴곰 복원사업이 진행되었다. '왜 돈을 들여서, 사람도 살기 어려운데, 골치 아프게' 반달가슴곰을 복원해야 하는 걸까? 이유는 간단하다. 원래 지리산에 살았으니까. 이 땅에 살았던 여느 대형 동물이 그랬듯 반달가슴곰 역시 백두대간을 축으로 수천 마리가 있었다. 그러나 일제 강점기에 '해로운 동물을 잡아낸다'는 정책에 따른 대량 포획, 해방 이후 웅담을 채취하려고 이루어진 남획, 1960년대부터 본격적으로 시행된 국토개발에 따른 서식처 축소 등으로 남한에서는 거의 사라졌다.

최근 연구에 따르면, 지리산 반달가슴곰 사회에 필요한 유효개 체군(effective population size, 번식 참여 개체 수)은 약 80마리이다. 지리산 의 반달가슴곰 수용력은 60~70마리이므로 주변에서 연계 서식지를 확보하고, 계속해서 유전자가 다양한 개체를 도입해야 한다. 또한 수 컷은 분산하지만 암컷은 분산하지 않는 경향이 있으므로 수컷이 분산 한 지역에 암컷을 방사하는 전략이 필요하다. 그리고 무엇보다 중요한 것은 반달가슴곰 또한 우리와 함께 살아가야 마땅한 생명이라는 점에 공감하고, 곰과 사람 모두에게 안전한 서식 환경과 문화를 만들어 나 가는 것이다.

지난 20여 년간 우여곡절과 시행착오가 많았던 지리산 반달가 슴곰 복원사업은 성공 단계로 접어들었다. 많은 시간과 예산을 들여

지리산 적응 가능 여부를 실험하던 장군이와 반돌이

축적한 노하우를, 이제 백두대간의 다른 지역으로 전파해 한반도 전체 생태계 보전과 복원에 기여해야 한다. 남북 관계 진전 여부에 따라 DMZ에 있는 반달가슴곰과의 교류도 구상해 볼 수 있다. 만일 '남북 공동 국립공원' 같은 발상을 한다면, 남북의 곰을 그곳에 함께 방사할 수도 있다.

지리산을 벗어나 섬진강 남쪽으로, 백두대간 북쪽으로 내달리는 곰이 한반도 생태계를 풍성하게 하는 것이 반달가슴곰 복원사업의 최종 목표이다. 민족 신화에 우리 조상으로 나오는 곰을 복원하고, 함께 산다는 것은 너무 당연한 일이다. 이제 그렇게 할 만한 국력도 되고, 국격도 그런 수준에 이르렀다고 본다.

갓 태어난 새끼 반달가슴곰 ⓒ 국립공원연구원

• 겨울잠

곰은 아무것도 먹지 않는 상태에서 3~4개월간 겨울잠을 잔다. 사람은 하루만 굶어도 배가 고파 잠이 안 올 지경이고, 물도 마시지 않는다면 일주일 이상 버티기 힘든데, 어떻게 100일 이상을 굶으며 생존할 수 있을까? 게다가 임신한 암컷 곰은 그 상태로 출산에 육아까지 해낸다.

반달가슴곰 방사 후, 처음 태어난 새끼 곰

곰이 겨울잠을 자는 것은 먹이를 구할 수 없기 때문이다. 같은 대형 포유류더라도 호랑이나 산양은 겨울에도 먹이를 아주 조금 먹으며 버틸 수 있지만, 주로 식물 먹이를 많이 먹어야 하는 곰은 그러지 못한다. 따라서 가을에 충분히 먹어 지방질을 비축한 다음, 겨울잠을 자면서 천천히 지방을 소모하며 버텨야 한다. 그 사이 체내에서는 소변 같은 노폐물은 재처리되고, 단백질은 재생산되어 생명이 유지된다.

겨울잠을 자는 동안 곰의 호흡 수, 심장 박동 수는 크게 떨어지나, 체온은 평상시보다 약간만 낮아져 체온을 회복하는 데에는 그리

어미 곰이 탈진해서 죽은 다음 날, 주변에서 사체로 발견된 새끼 곰

긴 시간이 걸리지 않는다. 그래서 이따금 겨울잠에서 잠시 깨거나 굴을 나와 배회하기도 한다. 다만 이때 상당히 많은 에너지를 소비하기 때문에 생명을 잃을 수도 있다. 지리산에서 2009년 1월 새끼를 낳은 어미 곰이 겨울잠을 자던 굴에 물이 스며들자 새끼를 보호하려고 수차례 밖으로 나가 낙엽을 긁어모으고, 다른 굴을 찾아 나섰지만 결국 탈진해 사망했다. 어미 곰을 따라나선 새끼 곰도 추위와 먹이 부족으로 생명을 잃었다.

여름에 짝짓기한 암컷 곰은 가을에 먹이를 충분히 먹은 후 몸 상태가 좋으면 착상(着床)에 성공하고, 겨울잠을 자는 도중에 새끼를 낳는다. 임신 기간이 짧고(2~3개월), 아무것도 먹지 않는 상태에서 출산하기 때문에 새끼 곰은 아주 작게(어미 곰의 1/300~1/420 크기) 태어난다. 이는 새끼를 작게 낳아 에너지 소비를 줄여 어미 곰 생존과 새끼 곰 양육을 모두 가능하게 하는 생존 전략이다. 새끼는 작게 태어나지만, 지방질과 단백질이 풍부한 젖을 먹고 빠른 속도로 성장한다.

• 회귀 능력

태어난 곳에서 수백 킬로미터 떨어진 곳에 살다가 정확하게 고향으로 돌아오는 연어처럼, 곰에게도 회귀 능력이 있어 보인다. 지리산에 방사한 반달가슴곰 중에 상습적으로 벌통을 건드리거나 암자나 민가에 접근하는 개체가 있었다. 이 곰을 포획해서 20~30km 떨어진 곳에 방사했더니 며칠 만에 다시 원래 장소로 돌아왔다. 지리산을 벗어나 새로운 서식지를 찾아 떠난 것으로 유명한 반달가슴곰 KM53도 두 번이나 포획해서 지리산에 방사했지만, 다시 거의 같은 길을 찾아 수도산으로 돌아갔다.

반달가슴곰과 유사한 미국흑곰 54개체를 포획해 64~120km 떨어진 곳에 방사한 실험이 있었다. 결과는 포획 지점으로 정확하게 돌아온 27개체를 포함해 35개체(65%)가 포획 지점 인근으로 돌아왔다. 어떤 미국흑곰은 자기 영역에서 200km 떨어진 곳까지 갔다가 마치 지도를 가진 것처럼 도로와 등산로를 피해 가며 귀향했고, 심지어 오직 밤에만 이동해 사람과 다른 곰의 방해를 받지 않았다고 한다.

아기 곰을 교육하는 어미 곰 © 국립공원연구원

이런 능력은 곰이 지구의 자기장을 이용하기 때문에 가능하다는 가설이 있다. 이동 장소를 기억하는 능력과 방향 감각이 있다는 설도 있고, 냄새를 이용해 길을 찾는다는 설도 있지만 아직 과학적인 근거는 부족하다.

• 후각

곰은 '냄새의 세계'에 살고 있다 해도 과언이 아니다. 곰 머리에 있는 비점막(냄새 감각 영역) 면적은 사람의 100배이고, 냄새를 맡는 능력은 경찰견의 7배에 달할 정도로 매우 뛰어나다. 곰은 나뭇가지나 풀, 땅바닥, 배설물 등에 자기가 남긴 냄새와 다른 동물이 남긴 냄새, 어디선가 날아오는 냄새 등을 정확히 구분한다. 다른 곰이 남긴 냄새를 맡아 그 곰의 특징, 성별, 나이, 짝짓기 준비 상태 등을 알아내며, 같

철조망 사이로 탈출하려는 새끼 곰

포획 트랩에 갇힌 곰

은 방식으로 자기 존재를 알린다.

동물학자 시튼은 회색곰 왑을 관찰하면서 "수백 가지 기분 좋은 냄새(먹이), 기분 나쁜 냄새(사람·총·덫), 화나는 냄새(침입자·경쟁자), 주의하지 않아도 되는 냄새 등을 잘 알고 있었다. 어느 날 자기 영역을 침범한 흑곰 냄새가 바람에 실려 왔을 때, 왑은 그 곰이 작년에 자기를 괴롭힌 곰이라고 확신했다"고 기록했다.

지리산에 방사한 반달가슴곰 모습을 멀리서 보거나 자연적응장에서 적응 훈련하는 새끼 곰을 관찰해 보면, 사람이 접근하는 쪽으로 목을 길게 뺀 후 코를 삐쭉 내밀어 냄새를 더 많이 맡을 수 있도록 콧김을 세게 불었다. 곰을 모니터링하거나 포획하는 국립공원 직원들에 따르면, 포획된 경험이 많은 곰은 직원들의 몸, 포획 장비 등에서 나는 냄새를 맡고 현장에서 서둘러 벗어나기 때문에 점점 곰에 근접하기 어렵다고 한다.

• 분산 활동

반달가슴곰은 단독 생활을 하다가 여름에 상대를 만나 짝짓기를 한 후 헤어진다. 암컷 곰은 겨울잠을 자다가 새끼를 낳고, 동굴 안에서 지방질이 풍부한 젖을 먹여 새끼를 키운다. 봄에는 밖으로 나와 생존 교육을 시킨다. 어미 곰은 다음 해 여름 짝짓기 계절이 돌아오기 전까지 새끼를 돌보고, 이후에는 다시 홀로 생활하며 수컷 곰을 만나 짝짓기할 준비를 한다.

어미 곰과 헤어진 어린 곰은 다른 곰들이 많아 서식지가 비좁을 경우 새로운 영역을 찾아 떠나며, 이 행동을 분산이라고 한다. 경쟁을 피해 더 좋은 서식처와 배우자를 찾고, 근친교배를 피하려는 본능적 행동이다. 세 번이나 지리산을 벗어나 산 넘고 물 건너, 차량과 사람을 피해 약 90km 떨어진 수도산을 찾아간 반달가슴곰 KM53의 행동도 분산에 해당한다. 그러나 야생 학습이 덜 된 상태에서 호기심과 모험심만으로 돌아다니는 것은 위험한 일이기도 해서, 이 시기에 사망률이 높아질 수 있다.

• 탈출 본능

2000년대 초반 늦가을, 반달가슴곰의 지리산 적응 가능성을 실험하고자 방사했던 '반돌이'의 발신기를 교체하고 상처를 치료하고자 보호 시설(철창)에 가두었는데, 바닥 시멘트 포장을 뜯어내고 개구멍만 한 굴을 파서 탈출한 사건이 발생했다. 어떻게 그 큰 곰이 그 작은 구멍으로 빠져나갈 수 있었을까? 곰은 얼굴만 빠지면 어깨뼈를 신축할 수 있다는 사실을 뒤늦게 알았다. 언론에서는 '쇼생크 탈출'이라며 연일 보도를 냈다. 그해 겨울 내내 지리산 구석구석을 추적했고 이듬해 봄에야 간신히 반돌이를 포획했다.

이런 우여곡절 끝에 반돌이의 지리산 적응 실험을 마친 뒤, 우리나라 토종 곰과 유전자가 같은 러시아 우수리스크 보호구의 새끼곰 6마리를 데려왔다. 지리산 숲속에 설치한 적응장(통나무집)에 하룻

밤 넣어 두었는데 이번에는 이 곰 6마리가 모두 사라진 '있을 수 없는!' 사건이 발생했다. 통나무집 벽에 발톱을 박으며 올라가, 상단에 난 목재 창틀을 이빨로 뜯고 밖으로 나와, 적응장 펜스를 기어올라 철조망을 넘어, 망망대해 지리산으로 사라진 것이다. 새끼 곰들은 두 그룹으로 나뉘어 닷새 동안 자유를 만끽하다가 다행히 모두 안전하게 포획되었다.

곰에 대한 지식이 없었을 때 일어난 이 사건들로 나는 경고장 2장을 받았지만, 곰의 야생성과 행동 패턴에 대해 큰 경험지식을 쌓을 수 있었다.

구상나무

우리나라 특산식물인 구상나무는 국제자연보전연맹(IUCN)이 멸종위기종으로 정한 세계적 희귀종이다. '구상'은 순우리말로, 열매가 성게를 닮아 제주도에서 성게를 가리키는 말인 '쿠살'에서 따왔다고 한다. 지리산을 비롯한 한라산, 덕유산, 백운산 등 1,000m 이상 고지대에서 자라는 구상나무는 학명(*Abies koreana*)에도 영명(Korean Fir)에도 '코리아'가 들어간다. 학명에 '코리아'가 들어가는 한국 특산식물은 몇 되지 않는다.

구상나무는 좌우 대칭을 이루어 자라고, 빽빽하게 난 바늘잎이 부드러우며, 하늘을 향해 열리는 길쭉한 열매가 보기 좋아 어린 나무를 조경용으로 심기 좋다. 이런 이유로 외국에서 품종 개량되어 전 세계에서 크리스마스트리로 널리 쓰이고 있다. 그러나 1900년대 종자가 해외로 반출되어 그곳에서 개량, 상품 등록되었기 때문에 유전자원 보유국인 우리 입장에서는 로열티를 주장할 수 없다.

한편, 한국 전쟁 후 혼란기에 지리산 도처에서 마구잡이 도벌

이 성행했다. 이때 고사목만을 자르겠다고 허가를 받은 사람들이 제석봉의 생나무를 마구 자르고 제재소까지 차려 놓은 행위가 큰 사회 문제가 되었다. 이 사건을 은폐하려고 범법자들은 현장에 고사목만 있는 것처럼 속이고자 생나무를 모두 불태우기에 이르렀다. 이렇게 해서 불탄 나무들 대부분이 구상나무이다.

천왕봉과 반야봉을 멀리서 보면 회색빛으로 말라 죽은 구상나무를 흔히 볼 수 있다. 본래 서늘하고 수분이 많은 곳에 자생하는 구상

제석봉 구상나무 군락

반야봉 구상나무 고사목 ⓒ 박홍철

나무가 기후변화 영향을 받고 있는 것이다. 국립공원연구원에서 반야봉, 영신봉, 천왕봉의 구상나무 생육 실태를 조사한 결과, 연평균 km^2 당 고사목이 344그루 생겼으며 이는 10년 전과 비교해서 3배 정도 증가한 수치이다.

　　다행인 것은 반야봉 숲 안쪽에는 아직 생생한 개체들이 있고, 특히 반야봉과 중봉(반야봉 옆) 일대 숲속에 구상나무와 주목, 소나무 등이 어울린 오래된 침엽수 군락이 남아 있다는 것이다. 또한, 세석평전과 연하천 주변처럼 습기가 많고 바람이 적은 곳에서는 구상나무 군락 생육 상태가 좋다. 구상나무 무덤이었던 제석봉에도 장성한 구상나무들이 있고, 십여 년 전에 이식한 어린 나무 중 일부도 활발히 자라고 있다.

　　이에 따라 지리산국립공원에서는 건강한 구상나무에서 채취한 유전자원(씨앗)으로 묘목을 만들고, 다양한 생육 환경에 어린 구상나무를 심어서 생장 특성을 모니터링하고 있다. 현재 여러 기관과 학자가 따로 수행하는 구상나무 조사·연구를 통합 추진해 더욱 과학적이고 실제적인 보전 대책을 마련해야 한다. 외국으로 마구 유출되고, 자생지에서도 도벌과 방화로 아픔을 겪었으며, 이제 기후변화로 신음하는 우리 구상나무를 제대로 대접할 수 있기를 바란다.

조릿대

지리산에 자생하는 식물 중에서 가장 넓은 면적에, 가장 많은 개체가, 가장 오래 살고 있는 식물 중 하나가 조릿대이다. 옛날에 줄기로 쌀을 물에 일 때 쓰는 조리를 만들었다 해서 조릿대라고 하며, 산악 지역에 많아 흔히 산죽이라고도 부른다. 조릿대보다 크기가 작은 문수조릿대는 지리산 일부 지역에서만 자생하는 한국 고유종이다.

조릿대는 숲속 그늘과 낮은 기온에 잘 적응하고, 땅속에 그물망 같은 촘촘한 땅속줄기와 뿌리를 내려 서식지에 다른 식물이 침입할 여지를 주지 않는다. 그래서 식물다양성을 떨어트리는 '나쁜 식물'로 인식되기도 하고, 숲 가장자리에서는 외래식물 침입을 막고, 경사지에서는 토양 침식을 막아 주는 '좋은 식물'로 인식되기도 한다.

그런데 철옹성 같던 조릿대 제국이 스스로 누렇게, 까맣게 집단적으로 말라 죽는 현상이 발생하고 있다. 조릿대 집단 고사(枯死) 현상은 특히 무재치기폭포 일원, 남부능선의 영신봉-삼신봉-상불재 일원에서 많이 관찰되었고, 해발 1,000m 내외 지리산 고산 지역 전체로 보면 군락의 약 25%가 고사하고 있는 것으로 관찰되었으며, 앞으로도 나머지 군락의 일부가 고사할 조짐을 보이고 있다. 같은 등산로에서 고사한 군락과 생장이 왕성한 군락이 교대로 나타나는 것을 보면 환경 요인이 작용하는 것은 아닌 듯하다. 그리고 이런 집단 고사 현상은 드문 일이기는 하지만, 매우 자연스러운 현상이다.

대나무 종류는 일생 동안 꽃이 한 번만 피는 식물로, 꽃이 핀 이듬해에 대부분 고사한다. 서식처 환경에 따라 약간 차이는 있으나 70% 이상이 죽는다고 한다. 모든 식물은 씨앗을 맺는 데에 최대 에너지를 쓴다. 조릿대는 수십 년간 한 번도 써 보지 않은 에너지를 모아서, 온 힘을 들여서 꽃을 피우느라 기력이 다한 것이다.

한편, 지리산 전체에서 조릿대가 너무 세력을 떨쳐 식물생태계 단순화가 우려되었기 때문에 일부 조릿대 군락의 쇠퇴는 생물다양성을 높이는 데에 도움이 된다고 볼 수 있다. 한라산 전역을 뒤덮은 제주조릿대가 다른 식물의 생육을 막아서 시범적으로 제주조릿대를 제거한 결과 식물다양성이 높아졌다는 실험 결과도 있다.

그러니, 지리산에서 조릿대 군락이 까맣게 마른 몰골을 보더라도 큰 걱정하지 않기를 바란다. 생태계는 끊임없이 변하며, 그 진화는 대부분 더욱 건강한 생태계로 변해 간다. 대규모 벌채와 기후변화 같은, 과도한 인간 간섭만 없다면.

조릿대 군락. 삼신봉-세석평전

조릿대 군락 고사. 삼신봉-세석평전

기후변화

　지리산 봄꽃 소식은 잔설을 뚫고 나오는 복수초와 노루귀를 시작으로 바람에 살랑이는 바람꽃, 쇼윈도 속 보석 같은 현호색, 노란색 꽃 자매 생강나무와 히어리, 누런 겨울 숲을 깨우는 붉은 진달래로 이어진다. 뒤이어 지리산 주변으로 광양의 매화, 구례의 산수유, 하동 쌍계사 길의 벚꽃 잔치가 이어지고, 드디어 온 산이 투명한 연녹색 잎을 틔워 세상에서 가장 아름다운 파스텔 톤을 만들어 내며 여름을 맞는다. 이 모든 과정은 약간 시차를 두고 일어나 우리는 봄의 아름다움을 연속적으로 느긋하게 즐길 수 있었다.

　그러나 최근에는 이런 과정이 너무 급하게 일어나고 있다. 복수초, 히어리 같은 봄의 전령사들이 10년 전에 비해 10일 이상 빨리 지리산을 찾아와 지구 온난화가 사실임을 알리고 있다. 꽃마다 개화 시기 시차도 짧아졌다. 과거에 복수초와 진달래의 개화 시기는 30일 정도 차이가 났는데, 현재는 20일 정도이다. 지리산에서 서울까지 10일 정도 차이를 두고 피던 벚꽃이 최근에는 매우 짧은 시차로 전국에서 만개한다. 개나리가 질 무렵 피던 벚꽃이 개나리와 더불어 만개하고 있으니, 두 꽃이 만나 서로를 반가워할지 질투를 할지 모를 일이다.

동물생태계에서도 이런 현상이 일어나, 지리산 구룡계곡 북방산개구리의 산란 시기도 10년 전보다 3일 이상 빨라졌다. 너무 일찍 낳은 탓에 저온 현상으로 알이 얼어 죽는 일이 일어나기도 했다. 다른 국립공원에서 모니터링하는 박새와 괭이갈매기의 산란 시기도 빨라지고 있다.

이런 현상은 결코 한 생물종만의 문제가 아니다. 즉, 꽃은 폈지만 꽃가루를 옮겨 주는 곤충이 나타나지 않아 씨앗과 열매가 적게 달리거나, 철새가 번식지에 일찍 도착했으나 먹을 것이 없어 번식률이 떨어지는 등 엇박자가 발생한다. 기후변화에 따른 이런 현상은 곧 먹이사슬에 연쇄적으로 영향을 끼쳐 생태계 전체를 크게 교란한다. 사람도 생태계 일원이므로 당연히 영향을 받는다. 레이첼 카슨이 경고했던

개화 시기가 점점 같아지는 개나리와 벚꽃. 섬진강변.

것처럼 "봄은 왔지만 봄이 아닌" 기후 시기가 정말 올지도 모른다.

　5년 전쯤 쓴 글에서 나는 "기후변화는 아직 친절한 경고이지 최후통첩은 아니다"라고 했으나 이제는 "기후변화가 아니고 기후위기이며, 이미 최후통첩이 오고 있다"라고 쓰지 않을 수 없다. 전 세계에서 폭염, 홍수, 산불, 폭설 같은 극단적인 기상 현상이 나타나고, 이런 심각성을 뒤늦게 받아들인 국제 사회는 2050년까지 기온 상승을 산업화 시기 대비 1.5도 낮추는 목표를 세우고 앞다투어 그린 뉴딜, 탄소중립과 같은 정책을 내놓고 있다.

　나는 이런 정책 앞에 지리산 같은 자연을 더욱 보호하고, 더 많은 보호지역을 지정하는 정책이 있어야 한다고 생각한다. 지리산을 비롯한 보호지역은 기후변화를 억제하거나 지연시키고, 기후변화 영향을 최소화하는 '큰 그릇' 같은 역할을 하기 때문이다.

　이런 시대이기에 더욱이 지리산이 기후 리더십을 발휘할 수 있도록 관리, 조성해야 한다. 기후변화에 취약한 생물을 밝혀 서식지를 시원하고 축축하게 만들어 주고, 구상나무처럼 쇠퇴 현상이 뚜렷한 종은 대체 서식지를 찾아 다양한 적응 실험을 해야 한다. 성삼재, 정령치 같은 탄소배출 도로에서 하루빨리 무공해 교통수단을 운영해야 하고, 공원 구역 내 대형 주차장을 지하화하거나 공원 바깥으로 옮기고 거기에 '탄소 흡수 숲'을 조성해야 한다. 안내판이든 건축물이든 모든 공원시설 수명을 최대한 연장해서 웬만하면 새로 설치하지 않는 탄소절감 정책을 실행해야 한다.

최치원과 청학동

지리산국립공원 지정 50주년을 맞이해 '지리산 2,100년 역사를 빛낸 인물 100명'을 선정했다. 여기서는 이 가운데 지리산을 유람하며 많은 '글 흔적'과 설화를 남긴 최치원과 천왕봉을 우러르며 학문에 정진하고 후학을 가르쳤던 남명 조식 그리고 우리 민족의 아픈 역사 빨치산을 소개한다.

신라 말기에 경주에서 태어난 최치원(857~908?)은 12살에 중국 당나라로 유학을 가 18살에 빈공과(외국인이 보는 과거시험)에 장원 급제해 여러 작은 벼슬을 했다. 황소의 난이 일어나자 진압군의 초급장교로 근무하며, 881년(25세)에 황소에게 보내는 「격황소서(檄黃巢書)」*를 써서, 이 글을 읽은 황소가 놀란 나머지 침대에서 떨어졌다는 이야기가 전해진다. 당시 중국에서는 "황소를 격퇴한 것은 칼이 아니라 최치원의 글이었다" 할 만큼 문장력이 뛰어났다고 한다.

885년에 귀국, 중국에서 쓴 1만 여 편의 글을 발췌해 시문집 『계원필경(桂苑筆耕)』 20권을 지었다. 890년에 정읍, 893년에 서산, 894년에 함양 군수를 지냈다. 함양 군수로 재직하며 현재의 상림숲을

---

* (너 황소는) 불 지르고 겁탈하는 것을 좋은 것으로 삼고, 죽이고 상하게 하는 것을 급선무로 삼아, 큰 죄는 헤아릴 수 없이 많으나 속죄할 수 있는 조그만 착함도 없으니, 천하의 모든 사람이 모두 너를 죽이려고 생각할 뿐 아니라, 땅속의 귀신까지도 은밀히 죽일 것을 의논했을 것이니, 네가 비록 숨은 붙어 있다고 하지만 넋은 이미 빠졌을 것이다.

187

조성했다. 진성여왕에게 시무십여조(時務十餘條)라는 개혁안을 제시했으나 당시 신라는 왕권이 쇠퇴하고 귀족 세력이 강해 왕이 개혁 정책을 시도하기 어려웠다. 그래서 이 시무십여조 내용은 전하지 않고, 또한 시행되지 못했다. 정치가 혼탁해 자기 뜻을 펼치기 힘들다고 생각한 최치원은 곧 관직에서 물러나 유람과 은둔을 시작했다. 그가 은둔한 37년 후 신라는 멸망한다.

최치원은 뛰어난 문장가로서 우리나라 최초의 유학자이자 경주 최씨의 시조로 받들어지고 있다. 근본적으로 유학자이지만 불교와 도교에도 정통해 유교·불교·도교 사상을 아우르는 사고를 했고, 노장 사상과 풍수지리설에도 상당한 이해가 있었다. 또한 그의 사상을 우리나라 고유의 선도(仙道)사상 내지 민족관으로 연결 지을 수도 있다.

최치원이 지리산에서 지낸 시기는 진감선사탑비를 건립한 887년 전후, 함양 군수를 지냈던 894년 그리고 유람과 은거에 나선 895년 이후부터 가야산에 들어갔다고 전해지는 898년 사이였을 것으로 추정된다. 1,000년이 넘는 기간 동안 최치원의 유적과 설화가 살아 숨쉬는 것은 그만큼 그의 사상과 업적이 우리 역사와 문화에 큰 영향을 미쳐 왔기 때문일 것이다.

최치원은 우리나라 역사에서 흔치 않은, 대중에게 친근한 인물이다. 그의 뛰어난 문장력과 앞선 시대 의식, 천재성에도 불구하고 국가에서 중요하게 쓰이지 못했던 불우함, 풍운아가 되어 산수를 유람했던 신비감이 대중에게 연민과 공감대를 불러일으켰기 때문인 듯하다.

15세기 이후 그의 흔적과 이야기가 담긴 지리산 청학동은 조선 유학자들에게 필수 답사 지역이 되었다. 조선 시대 문인들의 기억 속 최치원은, 불우한 현실을 과감하게 벗어나 청학을 타고 날아간 신선의 모습으로 형상화되어 선망의 대상이 된 것이다.

청학동은 지리산 속 이상향으로 일컬어진 공간으로, 현재의 불일암과 불일폭포, 쌍계사와 옛 신흥사 일대이다. 특히 대표 유학자였던 남명 조식이 청학동 일대를 유람하고 세상의 이치에 관한 글을 남긴 이래, 남명의 가르침을 따르려는 후학들이 이상을 실현할 수 있는 가상 공간으로 인식하며 청학동을 찾았다.

지리산에서 최치원의 유적과 흔적은 불일폭포-쌍계사-신흥동 일원에 집중되어 있다.

불일암 대웅전 벽면에 그려진 청학동 상상도

• 쌍계사 쌍계·석문 석각

쌍계사 일주문에는 '삼신산(三神山) 쌍계사'라는 현판이 걸려 있다. 중국 전설에 나오는 삼신산은 곧 방장산(지리산), 봉래산(금강산), 영주산(한라산)을 말한다. 이 삼신산 쌍계사 입구와 속세의 경계에 좌청룡 우백호처럼 서 있는 큰 바위 두 개에 최치원이 깊게 새긴 쌍계·석문(雙溪·石門) 석각이 있다.

쌍계·석문 주변 경관
개선 이미지 ⓒ 오재성

쌍계·석문

• 쌍계사 진감선사탑비(국보 47호)

쌍계사 경내 중심에 있는 진감선사탑비는 대웅전 중앙 축에서 약간 틀어져 있는데, 그 이유를 순원 스님에게 여쭈어보니, 본래 쌍계사는 남향인 금당을 축으로 전각과 탑이 들어섰는데, 이때 진감선사탑비가 세워진 이후에 서향인 대웅전이 건립되어 각도가 빗나갔다고 한다. 이 탑과 비문이 우리 국보이긴 하지만, 오히려 중국에서 더 알아주는 유적이다. 중국에서는 최치원이 쓴 필체를 서체 교본으로 삼을 정도라고 한다.

쌍계사 진감선사탑비

서체에 문외한인 나는 이 비문에 우리나라에서 최초로 지리산 (知異山)이란 단어가 등장했다는 것에 감사한다. 중국 국보급 서체가 새겨진 한국 국보인데, 임진왜란과 한국 전쟁 때 이 탑에다 마구 총질을 하는 바람에 비석에 여러 개 탄흔이 있고, 비석 상부가 갈라지고 있다. 이 외에도 쌍계사 내에는 최치원이 독서를 했다는 전각(동방장, 서방장)과 그를 기리고자 이름 붙인 청학루가 있다.

• 환학대 석각

쌍계사 뒤편으로 잘 정비된 탐방로를 따라 30분 남짓 올라가면 최치원이 쓴 환학대 석각이 있는 바위가 나온다. 최치원은 이 바위에서 청학을 불러 불일폭포로 날아갔을 것이다. 다시 20분쯤 올라서면 '아니 이 산중에 웬 평지?'하고 놀랄 수 있는 불일평전이 나오고, 좀 더 올라가면 있는 듯 없는 듯한 불일암이 길 위에 숨어 있다.

• 완폭대 석각

암자에서 나와 불일폭포 쪽으로 길을 꺾으면 무심코 지나칠 수 있는 작은 바위에 찬찬히 들여다보지 않으면 알 수 없는 완폭대 석각이 있다. 새긴 지약 1,100년이 지났으니 글자가 희미하다. 1611년 유몽인이 "최치원이 쓴 완폭대 바위에서 폭포를 내려다봤다"고 한 이후 많은 유람록에 같은 기록이 있었는데, 어찌된 일인지 이 바위는 1808년 이후 발견되지 않았다. 그러다 211년 만인 2018년에 지리산국립공원사무소의 문화자원조사단에서 수풀 속에 묻힌 것을 발견했으니, 마치 멸종된 호랑이가 돌아온 것 같은 큰 사건이었다. 이것으로 지리산·청학동과 관련된 최치원 설화가 사실이리라 짐작할 수 있다. 이 완폭대 바위가 문화재로 등재되기를 바란다.

• 불일폭포와 학연

완폭대에서 데크 계단을 5분쯤 내려서면 쾅쾅하는 소리와 함께 전혀 예기치 않은 높이(60m)의 장대한 폭포가 꽝! 나타난다. 이곳에서 수도를 하신 지눌 스님의 시호를 붙여 불일(佛日)폭포라 했는데, 스님에겐 죄송하지만 최치원 이야기를 따서 청학폭포라 했으면 더 어울렸을 듯하다. 1,100년 전 이곳에는 빽빽한 소나무와 뾰족뾰족한 암봉 사이로 구름과 안개가 하얗게 서렸을 것이고, 하늘에서 떨어진 폭포수가 만든 짙푸른 연못 위로 청학 몇 마리가 고고하게 노닐었을 것이다. 폭포 길 입구에 불일암이 있어 스님과 최치원 같은 신선들이 완폭대에서 이 폭포를 내려다봤을 것이고, 그 옆으로 평편하고 기름진 땅(불일평전)에서는 병 없고 걱정 없는 사람들이 살았을 테니, 이곳을 청학동

완폭대 바위 글씨와 불일폭포 ⓒ 이호신 화백

이라 부를 만하다.

　지리산이 단 한 번도 똑같은 모습을 보여 주지 않는 것처럼, 불
일폭포도 볼 때마다 다르다. 오늘처럼 수량이 풍부할 때에는 옆 사람
말을 듣기 어려울 정도로 물 폭탄이 떨어지는 듯하고, 한겨울에는 첩
첩한 빙벽으로 우람한 얼음 제국이 된다. 수량이 적은 봄가을에는 때
에 따라 하늘거리는 하얀 치맛자락 같기도, 외롭게 서성이는 학의 다
리 같기도 하다. 어떤 인문학자는 "이 폭포와 벼랑의 전체 모습이 학이
날개를 펼친 형상이라" 학과 관련된 설화가 생겼을 것이라 말했는데,
그러고 보니 그리 생긴 모습이다.

　이 폭포 아래 폭포수가 고이는 동그란 못을 학연(鶴淵)이라 한
다. 환학대에서 최치원을 태운 청학이 이곳에 그를 내려놓고 물 한 모
금 마신 뒤 청학봉에 올라가 벼랑의 낙락장송에 앉아 최치원이 다시
부르기를 기다리지 않았을까?

　오랫동안 폭포와 절벽에서 떨어진 돌들로 메워져 옛날 학연

화개천의 봄

의 깊은 정취를 느끼기 어려워, 최근 연못을 메운 돌과 모래를 걷어 내는 작업이 이루어졌다. 만일 그곳에 최치원과 청학의 혼이 있었다면 1,100년 만에 무척 시원해했으리라.

• 삼신동 석각, 신흥동계곡 세이암 석각[*],
하동 범왕리 푸조나무(경상남도 기념물 123호)[**]

최치원의 나머지 유적인 삼신동 석각, 세이암 석각과 푸조나무가 있는 곳은 예전 신흥사 앞 개울, 즉 현재 칠불사와 의신마을이 갈리는 삼거리에서 화개초등학교 왕성분교 앞 계곡까지이다. 지리산의 아름다움을 다룬 수많은 옛글 중에서 가장 아름다운 장소로 묘사된 곳이 바로 이곳, '꽃 피는 개울'이라는 뜻인 화개천이다.

화개천의 아름다움을 묘사한, 역사상 첫 번째 글이 최치원의 시 「화개동」으로, 시의 첫 구절에 "항아리 속 별천지(壺中別有天)"라는 문장이 나온다. 이는 중국의 무릉도원에 빗대어 화개천과 쌍계사 일원의 아름다움을 묘사한 말이다. 그리고 최치원이 이 문장을 쓴 지 1,100여 년 뒤에 최치원과 이 문장을 언급한 이가 있으니, 바로 시진핑 중국 주석이다. 시진핑 주석은 2013년 한·중 정상회담에서 최치원을 한·중 문화교류의 핵심 인물로 꼽았고, 2015년 '중국 방문의 해' 개막식에 보낸 메시지에 "항아리 속 별천지"를 적었다. 안타깝게도 신흥사는 임진왜란 때 불에 탄 이후 일제 강점기 때 절터에 초등학교가 들어서서 흔적마저 사라졌다. 신흥사 앞 계곡 역시 산을 깎고 계곡을 메

---

[*] 최치원이 세상에서 들은 이야기를 없애고자 귀를 씻었다(洗耳嵒)는 설화가 전해지는 석각
[**] 최치원이 속세를 등지고 지리산에 들어갈 때 꽂아 둔 지팡이에서 싹이 터 자랐다는 설화가 전해지는 나무

워 큰 도로가 생기는 바람에 본래의 절경이 영원히 사라졌다.

　　최치원에 대한 마지막 관심은 그가 어디서 어떻게 사라졌나이다. 지리산에서는 그가 청학동 불일폭포에서 신선이 되어 폭포 밑 용소(龍沼) 안에 있는 터널을 통해 지리산과 가야산을 오가고 있다는 이야기가 전해진다.

과거 신흥동에 있었다고
전해지는 홍류교, 능파각
복원 상상도 ⓒ 오재성

현재 신흥동 삼거리

『삼국사기』에는 최치원이 "잘 아는 스님 두 분이 있었던 가야산 해인사에 들어가 숨어 살다가 여생을 마쳤다"는 글이 있다. 은거 이후에 가야산에서 쓴 여러 글이 있으며, 또한 『신증동국여지승람』에는 "최치원이 가야산에 숨어 살다가 어느 날 아침 사라졌다. 갓과 신발을 숲에 버려두고 간 곳을 몰랐다"고 적혀 있다. 어쨌든 최치원은 20대에 중국에서, 30대에 신라에서 관료 생활과 유람으로 세상을 돌아다니며 현실과 이상 사이에서 번민을 거듭하다가, 40대 초반에 현실 정치의 꿈을 접고 산으로 들어갔다. 그가 가야산에 입산하면서 이제 산에서 나가지 않겠다고 결의를 나타낸 시가 있다.

산에 계신 스님에게(贈山僧)
스님이시여, 청산이 좋다고 말하지 마시라
산이 좋은데 왜 나오시나요
두고 보세요, 훗날 나의 발자취를
한번 청산에 들면 다시는 나오지 않으리라.

지리산이 모든 사람과 사상을 아우른 포용의 산인 것처럼, 최치원은 우리 전통 사상과 유교·불교·도교를 융합해 실현하려 했던 포용의 인물이었다. 현실의 고통을 벗어나 절망을 희망으로 바꿔 주는 이상향의 산 지리산에서 이상향 청학동을 만든 것도 바로 최치원이다. 한편, 최치원은 천재적인 재능이 있었음에도 계급 사회의 한계를 넘어서지 못했고 인간적인 나약함을 숨길 수 없었던 보통 사람이자, 도처의 자연을 떠다니며 세상의 이치와 심경을 아름다운 글로 풀어 낸 풍운아이기도 했다.

오늘 그가 노닐었던 화개천에서 지리산에 걸린 흰 구름을 바라보며 외로운 구름(孤雲)이라 불렸던 최치원을 그려 본다.

가야산 농산정(籠山亭). 조선 시대에 최치원을 추모하고자 세웠으며, 농산(籠山)이란 산이 나를 눌러서 산 밖으로 나가지 못하게 한다는 뜻이다.

남명과 덕산

지리산은 대한민국 육지에서 제일 높은 산인데도 가까이서 바라보면 높아 보이지 않는다. 서쪽 구례에서 노고단을 보면 펑퍼짐하게 누워 있는 듯하고, 동쪽 산청이나 북쪽 함양에서 천왕봉을 우러르면 앉아 있는 듯하고, 어디서도 서 있는 모습을 보여 주지 않는다. 특히 천왕봉 턱 밑의 덕산마을에서 바라보는 천왕봉과 중봉은 스카이라인이 뭉툭하다. 그 스카이라인에서 양쪽으로 뻗어 나온 산줄기가 덕산을 껴안은 모습은 마치 어머니가 두 팔 벌려 안아 주는 듯하니 덕산은 천생 지리산 마을이다.

현재 덕산은 행정 지명이 아니고, 천왕봉 아래에 펼쳐진 시천면 소재지 일원과 주변의 너른 벌판을 일컫는 애칭이다. 덕산은 땅이 넓고 수량이 풍부해 벼농사가 발달했고, 이곳에서 생산되는 곶감과 딸기는 전국 최고 품질을 자랑한다. 가을에 마을마다 빽빽한 감나무에 감이 주렁주렁 달리면 마치 감나무마다 수백 개 달이 뜬 듯하다. 지리산 동쪽에서 지리산으로 들어가는 길목인 중산리와 대원사계곡, 거림

골은 모두 덕산을 거쳐 올라가고, 덕산마을의 중심과 덕천강을 따라 지리산 둘레길이 지나간다.

덕산(德山)은 격이 높고 품이 넓은 곳이라는 의미로, 대쪽 같은 절개와 높은 기상을 펼쳤던 남명(南冥) 조식(1501~1572)이 수양과 교육으로 말년을 보낸 곳이다. 남명은 하늘이 울어도 울지 않는다는 천왕봉을 우러르며 학문에 정진하고 후학을 가르쳤으며, 지리산 주변을 유람하며 세상을 성찰하는 글을 썼다. 많은 유학자가 "퇴계 이황과 쌍벽을 이루며 조선 시대 유교를 지극히 높은 수준에 이르게 했다"고 남명을 칭송했다. 그래서 남명의 제자들은 천왕봉을 스승처럼 우러르며 덕산이라고 불렀다.

남명은 벼슬을 하라는 임금의 권고를 수없이 물리치고, 초야에 묻혀 학문을 닦는 처사(處士)의 삶을 지향했으며, 그러면서도 정치에 대한 비판을 서슴지 않았다. 외척 정치와 왜구 침략으로 나라가 피폐해지자 "나라의 근본은 망해 가고 하늘의 뜻은 떠났으며 민심도 흩어졌습니다. (수렴청정을 하는) 대비는 깊은 궁궐 속의 과부에 불과하고, 왕은 나이가 어려 고아와 같으니 이런 국가의 위기를 어찌 감당하겠습니까!"라는 유명한 상소(을묘사직소)를 올렸다.

남명의 사상은 경의 사상이다. 경(敬)을 통해 조금도 거짓이 없는 진실한 마음을 유지하는 것, 경을 바탕으로 남을 대하고 일을 처리할 때 의(義)에 맞게 하고, 이를 일상에서 실천하는 것이다. 이런 남명의 실천 정신을 이어받은 곽재우, 정인홍 같은 후학들이 임진왜란 때 의병을 일으켰고, 이후에 덕산에서 농민 항쟁과 동학 농민 혁명이 일어났다. 정의를 세우고자 했던 남명 정신이자 지리산 정신의 발현이었다.

남명은 많은 명문을 남겼는데 그중에서도 백미는 『유두류록(遊頭流錄)』에 나오는 "간수간산(看水看山), 간인간세(看人看世)"이다. 물과 산을 바라보면서 인간과 세상을 깨닫는다는 의미이다. 남명은 단지 자연의 아름다움을 즐기는 것이 아니라, 자연의 흐름을 보면서 세상을 헤쳐 나가는 지혜와 통찰을 구하고자 했던 것이다. 따라서 남명에게는 지리산이야말로 세상의 이치를 가장 잘 깨우칠 수 있는 수련장이었던 셈이다. 이런 생각과 태도는 오늘날에도 매우 중요하다. 지금 우리에게도 지리산은 건조한 일상에서 벗어나 삶의 가치와 세상 사는 지혜를 성찰해 볼 수 있는 대자연이기 때문이다.

남명은 경남인의 사표(師表)이자 정신이라고 칭송받지만, 안타깝게도 막상 덕산과 산청을 떠나면 이웃하는 함양과 하동에서조차 유명세가 크게 떨어진다. 하물며 지리산 지역을 떠나서는 더욱 남명이라는 인물을 알기 어려운 것이 현실이다. 목숨을 걸고 권력을 꾸짖었던 대쪽 같은 선비 정신, 퇴계 이황과 쌍벽을 이루었다는 학문적 위상, 임진왜란 때 그의 많은 후학이 의병을 일으켰다는 점 등을 고려하면 남명의 사상과 업적은 더욱 널리 알려져야 한다.

덕산 입구에는 남명이 공부하며 후학을 가르쳤던 산천재가 있고 길 건너에 남명기념관이 있다. 이른 봄 산천재 마당의 남명매(梅)가

하얀 꽃을 터트릴 때 그 아래에서 천왕봉을 바라보면, 나도 모르게 몸가짐을 살피면서 왜 남명이 이곳에서 '꼿꼿한 수양'을 했는지 조금은 알 듯하다.

산천재 바로 밑에는 지리산국립공원 지정 50주년을 기념하는 정원이 있다. 이곳은 반달가슴곰 조각상 옆에서 천왕봉을 배경으로 멋진 사진을 찍을 수 있는 포토존이다. 여기서 5분 거리에 남명의 선비정신을 가르치는 한국선비문화연구원이 있고, 여기서 덕천강을 따라 15분쯤 걸으면 남명의 제자들이 남명을 기리고자 세운 덕천서원이 있다. 서원 앞의 개울가에는 천왕봉에서 내려온 물로 마음을 닦으라는

산천재와 남명매

세심정(洗心亭)이 있고, 서원 입구에는 이곳에 들어오는 자가 마음을 닦았는지 들여다보는 듯한 장대한 은행나무가 서 있다.

다만 남명이 "여기가 무릉도원인가 하노라!"며 읊었던 '양단 수-두 물줄기'는 곧 중산리계곡과 대원사계곡의 물줄기가 합쳐지는 삼거리인데, 오늘날 이곳은 황량한 콘크리트로 바닥을 깐 인공 하천 으로 변질되어 아름답기 그지없었을 옛 모습을 찾을 길이 없어 안타 깝다. '지리산 마을' 덕산이 수려한 자연뿐만 아니라 남명의 사상도 함 께 느낄 수 있는 생태·문화·관광마을로 거듭나 번영하기를 바란다.

한국선비문화연구원, 산천재, 지리산국립공원 50주년기념공원. ⓒ 이호신 화백

남명이 무릉도원 같은 자연계곡이라고 칭송했던 덕산 양단수 삼거리.
지형이 변해 본래 양단수 자리는 이곳이 아니라는 설도 있다.

빨치산

지리산 동쪽 내원사 위로 한참 올라가면 안내원마을의 도로 끝에 쓰러질 듯한 조그만 흙집이 있고, 그 앞에 '구들장 아지트'라는 안내판이 있다. 최후의 빨치산이라고 불렸던 정순덕이 총에 맞아 잡히기 전에 구들장 밑에서 은신했다는 초라하기 그지없는 초막이다. 고향인 이곳에서 1963년 생포된 정순덕은 총상을 입은 오른쪽 다리를 절단하고 무기 징역형을 받아 복역했다. 1985년 가석방으로 풀려난 후 어려운 생활을 하다 2004년 사망했다.

빨치산은 영어 partisan(파르티잔)의 우리말식 발음으로, 사전적 정의는 '민간인으로 조직된 비정규군'이다. 구한말과 일제 강점기에 지리산에서 의병으로 활약했던 김동신, 고광순, 석상룡 같은 애국자들, 일제 징집을 피해 지리산에 들어가 항일 투쟁을 벌인 투사들이 지리산 빨치산의 효시라고 할 수 있다. 이들을 구빨치라 부른다. 오늘날 우리에게 각인된 빨치산은 1948년 10월 제주도 폭동 진압을 거부한 여수 군인들이 지리산에 입산한 이후, 빨치산 진압이 종료된 1955년

3월까지 전투를 벌였던 '사회주의자 빨치산'을 일컫는다. 이들을 신빨 치라 부른다. 구빨치는 좋은 사람이고 신빨치는 나쁜 사람인가?

사회주의와 자본주의 차이를 단순하게 말하면 생산 수단의 공 유냐 사유냐이다. 해방 이후 혼란 속에서, 가난에 찌들었던 소작농과 노동자 들은 당연히 사회주의를, 자기 재산을 지키려는 지주나 부자 들은 자본주의를 선호했다. 어떤 제도를 택할 것이냐는 오늘날 보수, 진보 정도의 차이였을 것이다. 그런데 느닷없이 국토가 남북으로 갈라 지면서 한쪽은 자본주의를, 다른 쪽은 사회주의를 택하고, 미국과 소 련, 남과 북의 정치 지도자들이 서로를 원수처럼 대하는 세상이 되었 다. 이 바람에 우리 백성들에게도 어디에 사느냐(남·북), 어떤 생각을 갖고 있느냐(좌·우)에 따라 죽느냐 죽이느냐에 이르는 적대감이 생긴 것이다.

이에 따라 군과 경찰을 피해 지리산에 들어간 사람들과 그들의 가족은 몽땅 사회주의자 빨갱이로 찍혀 '적'이 되었다. 그런데 대부분 사람들은 자기가 사회주의자인지 자본주의자인지 모르는 상태에서 같은 민족끼리, 마을 사람끼리, 심지어 가족끼리 처절하게 죽고 죽이 는 전쟁을 했다는 것에 비극이 있다. 지리산에서 7년간 이루어진 토벌 작전으로 빨치산 사망자는 1만 1,471명, 포로는 8,842명, 귀순자는 1,826명, 토벌대(군인·경찰) 사망자는 6,333명에 이른다는 자료가 있 다. 이 전쟁에 휘말려 억울하게 죽은 사람들과 집단적으로 학살된 수 많은 민간인 피해도 있다.

사람의 비극 못지않게 지리산 자체도 엄청난 상처를
입었다. 지리산의 빨치산 은신처와 격전지에는 무수한 화염
과 폭탄이 쏟아졌다. 임진왜란을 비롯해서 외침이 있을 때마
다 불에 타거나 무너져 내렸던 지리산의 사찰과 암자, 외딴
마을 대부분이 빨치산의 은거지가 될 수 있다는 이유로 불태
워졌다. 하루아침에 집을 잃은 주민들은 맨몸으로 내려오거
나, 빨치산에 협조했다고 처벌을 받을까 두려워 산에 들어가
빨치산이 되었다.

이때 천년 고찰 화엄사를 불태우라는 명령에 "문짝만
태워도 적이 은신하는 것을 막는 것"이라고 문짝만 태운 후
"절을 태우는 데에는 한나절이면 족하지만, 절을 세우는 데
에는 천 년 이상도 부족하다"고 했던 차일혁 경무관의 말이
유명하다.

지리산 중산리, 의신마을, 뱀사골에 빨치산과 토벌대
에 대한 홍보관이 있다. 그러나 이 슬픈 역사에 대한 사실과
진실이 충분히 담겨 있지는 않은 듯하다. 과거의 아픔을 헤집
는 게 아니라 희생자와 생존자의 한을 풀어 주고, 아직까지
갈등 관계에 있는 희생자 후손들의 화해를 위해서라도 더 많
은 진실을 규명해야 한다. 화해의 산, 포용의 산이라 일컫는
지리산에서는 더욱.

양민 희생 장면 © 산청·함양사건 추모공원

지리산 역사 인물 100명

지리산권 각계 전문가로 구성된 '지리산 2,100년 역사를 빛낸 인물 100명' 선정위원회는 역사, 종교, 예술 등 여러 분야에서 큰 영향을 끼친 인물은 물론, 개연성이 있다면 실존 여부를 문헌으로 증명할 수 없는 설화 속 인물도 포함시켰다. 단, 생존 인물은 제외했다. 선정된 인물을 가나다순으로 정리했다.

각성(1575~1660): 지리산 화엄사에서 승려가 되고, 여기서 입적했다. 임진왜란 때 도총섭(최고의 승직)으로 남한산성 축성을 지휘했고, 병자호란 때 승병을 모집해 남한산성으로 진격했다.

강대성(1890~1954): 지리산에 들어가 10년간 수도해 도를 깨우쳤다. 일제 강점기에 유교, 불교, 선교, 동학 등 여러 사상을 통합한 '갱정유도'를 창시해 교주가 되었다. 하동군 청암면의 '지리산 청학동'은 갱정유도 교인들의 대표적인 주거지이다.

강도근(1918~1996): 남원 출생. 20대 후반에 지리산에서 7년여간 독공(폭포나 토굴에서 하는 발성 훈련)을 하고, 60대 중반에야 이름을 떨치기 시작했다. 1970~1980년대 판소리 침체기에 남원의 판소리계를 지켜 낸 인물로 평가받는다.

강민첨(963~1021): 진주 출신 장군. 강감찬 장군 밑에서 동여진과 거란을 상대로 큰 승리를 거두었다. 강민첨이 창건한 하동군 옥종면의 모방사 터로 추정되는 곳에 그의 사당인 두방영당과 신도비가 있다.

강한(1454~?): 한양에서 함양으로 이주해 살던 중 과거에 급제했고, 벼슬에서 물러나 지리산 동쪽 필봉 아래 금탄에 은거하며 거문고와 서예를 즐겼다. 왕이 강한의 필체를 칭찬했고, 그가 필사한『동몽수지』판본이 전해진다.

강회백(1357~1402): 지리산 입구인 남사예담촌에서 태어났고, 정당문학이라는 벼슬을 했다. 강회백이 단속사에서 공부할 때 심은 매화를 정당매라 부르며, 이 매화는 지금도 꽃을 피운다.

고광순(1848~1907): 담양 출신 의병장. 1895년 을미사변 이후 항일 투쟁을 하다가, 1907년 지리산 연곡사 전투에서 순절했다.

고정희(1948~1991): 대표 시집『지리산의 봄』에는 지리산에서 비극적인 역사와 암울했던 80년대 현실을 극복하려는 의지가 강하게 담겨 있다. 고정희는 지리산 뱀사골에서 불의의 사고로 세상을 떠났다.

곽여(1058~1130): 고려 시대 조정에서 도교를 성행시킨 인물. 한국 선도의 맥을 정리한『청학집』을 보면 곽여의 선맥이 한유한에게 영향을 미쳤음을 알 수 있다.

곽종석(1846~1919): 산청 출생. 조식의 학문을 정리해 지리산을 중심으로 경남 서부 지역의 학풍을 확립하는 데에 기여했다. 1919년 3.1 운동이 일어난 후 파리장서(巴里長書) 운동*의 지도자로 추대되었고, 이 일로 투옥되었다가 그 후유증으로 운명했다.

구형왕(500년대): 금관가야의 마지막 왕으로, 532년에 신라에 항복했다. 지리산 동쪽 끝자락인 왕산에 구형왕의 것으로 전하는 왕릉(돌무덤)이 있고, 지리산 안에 왕등(王登)재, 추성(楸城), 국(國)골과 같은 관련 지명이 있다.

귀산(?~602): 신라 화랑. 602년 지리산 운봉고원의 아막성 전투에서 백제와 싸워 승리를 거두고 전사했다. 이때 불리한 상황에서도 도망가지 않아 임전무퇴 정신을 실천했다는 칭송을 받았다.

김개남(1853~1895): 정읍 출생. 1891년 동학 접주가 되고, 1894년 동학 농민군 3,000명을 일으켜 남원을 장악했으며, 같은 해 10월 병력 1만 명을 동원해 한양으로 진격하다 체포, 처형되었다.

김경(1922~1965): 하동 출신 화가. 농촌과 산촌의 향취와 민중의 삶을 표현한 「소」, 「소녀와 닭」, 「항아리와 소녀」 같은 작품을 남겼다. 일제 강점기, 하동에서 교편을 잡았을 때 학생들에게 조선 역사를 비밀리에 가르쳐 민족의식을 심어 주었다고 한다.

김경렬(1917~1995): 1960년 이후 30년 넘게 지리산 구석구석을 답사하면서 신문과 잡지에 글을 게재해 지리산을 알렸고, 지리산 조사와 연구 결과를 정리한 『다큐멘터리 르포 지리산』 1, 2권을 펴냈다. 지

* 1919년 프랑스 파리에서 열리고 있던 만국평화회의에 유학자 137명이 독립청원서(파리장서)를 보낸 운동

리산의 생태와 문화유산을 담은 단편 영화도 제작했다.

김규태(1902~1966): 구례 지역에서 활동한 서예가이자 유학자. 김규태의 글씨에는 시문이 녹아 있고, 유학 정신이 응축되어 품격이 다르다고 평가받는다.

김근원(1922~2000): 진주 출생 사진가. 우리나라 산악 사진의 원조이다. 산의 본질적인 형태를 드러내고자 흑백 사진을 고수했고, 지리산 사진전을 5회 개최했다.

김대렴(800년대): 828년에 당나라에 사신으로 갔다가 차의 종자를 가져와 지리산에 심었다. 차 시배지는 하동군 화개 지역 또는 구례 화엄사 지역이라는 주장이 있다.

김동신(1871~1933): 1907~1908년 사이에 지리산 문수암을 비롯한 사찰을 근거지로 삼아 함양, 남원, 구례, 순창 등에서 활약한 대표적인 의병장이다. 전투 중에 병을 얻어 잠시 귀향했다가 체포된 후 종신형을 선고받고 순국했다.

김무규(1908~1994): 구례 출신 구례 향제줄풍류의 단소 예능 보유자. 자신의 단소 연주를 "끊어질 듯 이어지다가 잔잔히 스러지고, 다시 은근히 솟아올라 갑자기 툭 떨어져, 처연하게 이어지는 가락의 변화는 참말로 기가 맥혀"라고 표현했다.

김선신(1775~?): 『두류전지』를 저술한 유학자. 이 책은 방대한 자료를 토대로 지리산의 자연지리와 명승, 문화유산, 설화 등을 망라해 편찬한 인문지리서이다.

김윤겸(1711~1775): 조선 시대 화가 중 유일하게 지리산 그림을 남긴 산수화가. 김윤겸이 그린 「금대대 지리산도」와 「환아정」은 영남 지방의 옛 실경을 확인할 수 있는 역사 자료로 가치가 크다.

김인배(1870~1894): 김제 출생. 1894년 동학 농민 혁명 당시 25세 나이로 영·호남을 관장하는 접주가 되었다. 동학 농민군 1만 명을 이끌고 순천, 하동, 진주 등에서 관군과 일본군에 맞서다가 체포, 처형되었다.

김일손(1464~1498): 1489년에 정여창과 함께 지리산을 유람하고 『속두류록』을 남겼다. 무오사화 때(35세)에 처형되었다.

김종직(1431~1492): 도학에 정통한 문신이며, 영남 사림파의 정신적 지주이다. 함양 군수로 재직 중 1472년 지리산을 유람한 후 기행문 『유두류록』을 남겼다. 이 책은 이후 지리산을 오르는 이들의 참고서가 되었다.

노응규(1861~1907): 함양 출생. 1896년 함양에서 의병을 일으켜 진주성을 점령한 후, 인근의 산청, 하동, 함안 등으로 세력을 떨쳤다. 일본군에게 체포되어 옥사했다.

도선(827~898): 한국 풍수지리설의 시조로, 지리산에서 풍수법을 전수받았다고 한다. 고려 태조 왕건은 "경주는 쇠퇴하고 개성은 번성한다"는 도선의 풍수설을 근거로 개성에 도읍을 정했다고 한다.

류계춘(1816~1862): 진주 태생. 1862년, 지리산 자락의 덕산, 수곡 등에서 농민 수만 명이 궐기해 진주성을 점령한 진주 농민 항쟁을 주도하다 체포, 처형되었다. 농민들이 사회 개혁을 주창한 이 항쟁은 1894년 동학 농민 혁명의 단초가 되었다.

문양해(?~1785): 정감록 역모 사건의 주인공이다. 1783년 하동 군 화개면 의신리에 들어와, 이곳을 근거지로 자금과 인물을 모아 신 분의 귀천이 없는 평등한 사회를 만들고자 했으나 밀고로 처형되었다.

문익점(1329~1398): 산청 출생 문신. 원나라에 사신으로 갔다가 목화씨를 붓대 속에 숨겨 가져왔다. 지리산 자락인 산청군 단성면에서 2년간 노력한 끝에 재배 기술을 터득했다. 덕분에 전국에 목화가 보급 되어 백성들이 솜옷을 입을 수 있게 되었다.

박경리(1926~2008): 1897년부터 해방까지의 격동기를 그린 대 하소설 『토지』를 25년간 집필했다. 박경리는 『토지』에서 지리산을 생 명과 자유, 화해의 의미를 깨닫는 공간으로 그려 냈다.

박봉술(1922~1989): 구례 출생. 젊었을 때 고음을 내지 못했으나 이를 극복하고 명창이 되었다. 1950~1980년대 판소리 침체기에 판 소리를 부흥시킨 인물로 평가받는다.

박여량(1554~1611): 함양 출생 문신으로, 1610년에 지리산을 유 람하고 『두류산일록』을 지었다. 이 책에서 높이 솟아 온 산을 굽어보 는 모습이 천자가 세상을 다스리는 모습이어서 천왕봉이라 부른다고 썼다.

박초월(1913~1983): 16세 때부터 명창 대회에 나가 이름을 떨쳤 다. 성량이 풍부하고 구성진 목소리로 서민 정서를 잘 표현했고, 특히 춘향가와 심청가에 뛰어났다.

백용성(1864~1940): 1910년 지리산 칠불암의 종주로 추대되었다. 1919년 3.1 운동의 민족 대표 33인 중 불교 대표로 참가해 3년간 투옥되었다. 1927년, 함양에 화과원을 조성해 그 수익금으로 독립운동 자금을 제공했다.

변사정(1529~1596): 남원 출생으로 40여 년을 지리산 도탄(산내면 장항리)에서 살았다. 1580년 지리산을 유람하고『유두류록』을 썼다. 임진왜란 때 남원에서 의병 2,000여 명을 모집하고 의병장으로서 활약하며 전국 도처에서 공을 세웠다.

선수(1543~1615): 지리산에서 승려가 되어 지리산, 덕유산, 가야산 등 여러 사찰에서 제자를 양성했다. 조선 후기 불교계를 주도하고 신망이 높아 많은 제자가 따랐다. 지리산 칠불암에서 입적했다.

성능(17~18세기): 지리산 쌍계사에서 총 40권에 이르는 불서의 판각을 주도했다. 화엄사 각황전을 중건해 팔도도총섭에 올랐다. 이후 북한산 중흥사에 머물며 북한산성 축성과 수비 임무를 지휘했다.

성여신(1546~1632): 진주 태생 남명학파로, 불교를 배척해 23세 때 단속사에서 서산대사의『삼가귀감』책판을 불태웠다. 71세에 청학동을 유람하고『방장산선유일기』를, 78세에 천왕봉을 유람하고「유두류산시」를 지었다.

성철(1912~1993): 산청 태생. 25세 때 지리산 대원사에서 수행하다 가야산에서 승려가 되었다. 조계종 제7대 종정을 지냈으며, 성철의 엄격한 수행 태도는 오늘날 한국 불교의 귀감이다. 대원사 인근에 성철이 24시간 잠을 자지 않고 수행했던 좌선대가 있다.

송만갑(1865~1939): 구례 출생. 20세기 전반 5명창 중 제일로 꼽힌다. 판소리 공연과 창극을 주도해 당시 판소리를 최고의 인기 예술로 이끌었다.

송수권(1940~2016): 지리산을 소재로 서정적인 시를 썼다. 특히 「지리산 뻐꾹새」와 「달궁아리랑」에서 우리 민족의 정과 한, 역사적 상흔을 묘사했다.

송우룡(19세기 중반): 구례 출생. 19세기 후반 8명창에 올랐고, 중년에 성대가 상해 고향에 은거하며 송만갑, 이선유 등 많은 명창을 길러 냈다.

송흥록(1801~1863): 남원 출신 판소리 장인으로 판소리를 조선 최고의 예술로 끌어올렸다. 후손인 송우룡, 송만갑이 맥을 이었다.

신행(704~779): 당나라에서 북종선을 배워 742년에 처음 전래한 승려. 지리산 단속사에서 37년 동안 후학들에게 북종선을 가르쳤다.

안익제(1850~1909): 지리산과 청학동을 유람하고 유람록 1편과 기행 시 2편을 지었다. 안익제는 "지혜로운 사람과 특이한 산물이 많아서 지리산이라 한다"고 했다.

양대박(1544~1592): 일생을 지리산 자락에서 살면서 지리산을 네 번 유람했고, 『두류산기행록』을 남겼다. 임진왜란 때 의병을 모집해 왜적과 싸우다 사망했다.

양택술(1928~2002): 남원 출신. 시(詩), 서(書), 화(畵)에 모두 뛰어난 삼절작가로 불린다. 서울 600주년 타임캡슐에 양택술의 작품이 소장되었다.

연기(540~576 또는 742~765): 신라 진흥왕 또는 경덕왕 때 승려. 지리산의 화엄사, 연곡사, 대원사 등을 창건하고 화엄학을 널리 퍼뜨린 인물로 알려져 있다. 출생 시기와 출신지에 대해서는 여러 설이 있다.

영랑(7세기경): 신라 효소왕(692~702) 때 활약한 화랑 4인 중 한 사람. 화랑 3,000명을 거느리고 산수를 찾아다니며 수련을 했다. 지리산 천왕봉-하봉 능선에 있는 영랑재와 소년대라는 이름에서 영랑의 흔적을 엿볼 수 있다.

오건(1521~1574): 산청 출생. 남명 조식의 제자로 이황에게도 가르침을 받았다. 조정에서 벼슬을 하면서, 남명의 가르침을 따라 불의에 타협하지 않으며 올곧게 살았다.

옥보고(8세기경): 신라 경덕왕 때 지리산 운상원에 들어가 50년 동안 머무르며 거문고 가락 30곡을 지었다고 『삼국사기』에 기록되어 있다.

왕득인(1556~1597): 구례 태생. 1598년 정유재란 때 의병을 모집해 석주관에서 왜구의 보급로를 차단하는 전투를 벌이다 순절했다. 이때 함께 싸웠던 7명을 기념하는 석주관 칠의사 묘와 석주관성이 사적으로 지정되었다.

우종수(1921~2014): 남원 출생. 구례에서 연하반 산악회를 조직해 지리산 종주 등산로 개척, 등산 안내도 제작, 이정표 설치, 지리10경 선정 등을 주도했다. 특히 구례 군민들과 함께 지리산을 우리나라 최초 국립공원으로 지정하는 데에 공을 세웠다.

유몽인(1559~1623): 국내 명산과 중국 산하를 두루 유람한, 당대 최고의 문장가로서 "우리나라 산천 중 지리산이 최고이고, 천왕봉에서 바라보는 걸출하고 웅장한 경관이 천하의 으뜸이다"고 했다. 『유두류산록』과 기행 시 2편을 남겼다.

유호인(1445~1494): 함양 태생. 김종직의 문하에서 공부했으며, 뛰어난 문장가로 인정받았다. 유호인에게 지리산은 늘 고향의 산이었으며 그리움의 대상이었다.

응윤(1743~1804): 지리산에서 승려가 되어 일생 대부분을 지리산에서 살았다. 1783년경부터 벽송사에서 후학을 지도했다. 승려로서는 유일하게 지리산 유람록 『두류산회화기』를 썼고, 인문 지리서 『지리산기』도 집필했다.

이륙(1438~1488): 시와 문장을 잘 쓰는 문신으로, 지리산 단속사에서 3년간 책을 읽을 때 사람들이 구름처럼 몰려들었다고 한다. 1463년 천왕봉에 올라 지리산 유람록의 효시인 『유지리산록』과 인문 지리를 기록한 『지리산기』를 저술했다.

이병주(1921~1992): 하동 출생. 이병주의 대표작인 『지리산』은

13년간 집필한 대하소설로, 일제 말기부터 해방과 한국 전쟁으로 이어지는 현대사의 격동기를 배경으로 했다.

이성계(1335~1408): 1380년 지리산 북서쪽 황산벌판(운봉 인근)에서 왜구 수천 명을 섬멸하고 조정의 실력자가 되었다. 황산대첩은 새로운 왕이 나올 것이라는 지리산 비기(祕記)의 배경 사건이 되었고, 결국 이성계는 조선을 세워 왕이 되었다.

이성부(1942~2012): 지리산을 100번이나 올랐다는 지리산 시인. 대표 시집은 『지리산』이다. 이성부의 시에는 삶을 빗댄 '산행'과 역사를 빗댄 '산'에 대한 깨달음이 담겨 있다.

이순(699~767): 748년, 지리산 자락인 산청군 단성면 운리에서 단속사를 창건했다. 단속사는 신라와 고려의 유명한 승려들을 배출했고, 조선 시대에는 지리산을 유람하는 선비들이 들렀던 곳으로, 현재는 석탑 2개와 당간 지주만 남아 있다.

이은상(1903~1982): 1938년 지리산을 답사 후, 조선일보에 탐험기를 연재했다. 한국산악회 회장을 맡으며 '산악인의 선서'를 지었다.

이인로(1152~1220): 고려 시대 무신 정권기에 은거를 결심하고 지리산 청학동을 찾아 쌍계사 앞을 지나 삼신동 신흥사까지 갔지만, 끝내 청학동을 찾지 못했다는 시를 남겼다. 조선 시대 지리산 유람록에 이 이야기가 많이 등장한다. 『파한집』을 저술했다.

이징(1581~?): 조선 중기의 대표적인 산수화가. 이징이 그린 「화개현구장도」는 하동 화개의 별장 주변 자연 풍경을 담은 산수화로 보물 제1046호이다.

이창복(1919~2003): 한국인으로서는 처음으로 1963년에 지리산 식물을 조사해 824종을 발표했다. 2020년까지 밝혀진 지리산 식물은 1,856종이다.

이태(1922~1997): 지리산 남부군에서 17개월간 빨치산으로 활동한 경험을 기록한 『남부군』을 발표해 반향을 일으켰다. 이 작품은 빨치산의 인간적 면모를 묘사하고, 빨치산에 대한 사회적·문학적·이념적 관심을 촉발했다는 면에서 의의가 크다.

이현상(1906~1953): 일제 강점기에 항일 운동과 공산주의 운동을 했다. 1948년경 지리산에 들어가 빨치산 투쟁을 지도하다가 1951년 남부군 총사령관이 되는 등 지리산 빨치산의 대명사로 알려졌다. 빗점골에서 사살되었다.

인오(1546~1621): 지리산 영원사에서 수행했고, 당시에 오고가며 깨달음을 얻던 고개를 오도(悟道)재라 불렀다. 임진왜란 때 승병으로 3년간 전쟁에 참여했다. 인품이 고매하고 시문이 뛰어나 제자들이 『청매집』을 간행했다.

장한웅(1467~1512): 40세에 지리산에 들어가 18년 동안 도교를 수련했다. 『국조인물고』와 허균의 『장산인전』에 장한웅의 행적이 기록되어 있다.

정경운(1556~?): 함양 태생으로, 임진왜란 때 함양에서 의병을 일으켰다. 정경운이 쓴 『고대일록』에는 임진왜란에 휘말린 지리산 동쪽 지역 사람들의 다양한 상황과 남명학파 사람들이 전란에 맞서는 모습이 잘 나타나 있다.

정식(1683~1746): 유람벽(癖)이 심했던 문인으로, 말년에 지리산 덕산의 구곡산에 은거했다. 지리산을 유람하고 『두류록』과 『청학동록』을 지었다.

정안(?~1251): 하동 출생 문신. 재산을 희사해 팔만대장경을 간행하는 데에 재정적 기여를 했다. 하동군 횡천면에 정안의 이름을 딴 정안산이 있다.

정여창(1450~1504): 하동 출생. 1489년 김일손과 함께 15일간 지리산을 등반했다. 함양 현감으로 재직 시 인격이 높고 행실이 발라 백성들의 칭송을 받았다. 조정에서 세자(연산군)를 가르쳤으나, 무오사화 때 화를 입어 유배지에서 죽었다.

정주상(1925~2012): 함양 출생. 많은 서예 교과서를 저술하고, 한국 최초의 서예 잡지를 창간했다. 오도재 정상의 '지리산제일문(智異山第一門)' 글씨를 썼다.

정훈(1563~1640): 고향인 남원에서 일생을 산 지식인이다. 지리산 구룡계곡의 구룡폭포를 읊은 「용추유영가」가 유명하다.

조경남(1570~1641): 남원 태생으로 임진왜란과 정유재란 때 지리산 전 지역에서 활약한 의병장. 조경남이 쓴 『난중잡록』은 1582년부터 1619년까지 중요한 정치·사회적 사건들을 일기체로 기록한 책으로, 한국사 연구에 매우 중요한 자료이다.

조식(1501~1572): 호는 남명. 퇴계 이황과 함께 조선 시대를 대표하는 유학자. 벼슬을 사양하고 위험을 무릅쓰면서 정치 쇄신을 촉구하는 올곧은 선비로서 살았다. 지리산을 10여 차례 유람해 『유두류록』을 남기고, 61세에 지리산 덕산에 들어와 후학을 가르쳤다.

조위한(1567~1649): 남원에 거주하면서 지리산을 소재로 한문 소설 『최척전』을 지었고, 지리산을 유람한 후 『유두류산록』을 남겼다.

조지서(1454~1504): 하동 출생. 연산군을 가르치는 관직에 있을 때 매우 강직해 연산군의 노여움을 샀다. 이후 귀향해 지리산 아래에서 10여 년을 지내다 1504년 갑자사화에 연루되어 처형되었다.

차일혁(1920~1958): 일제 강점기에 중국에서 항일 유격전을 하다 해방 후 귀국해 경찰이 되었다. 1951년 빨치산 토벌대장으로 활약하면서, 화엄사를 소각하라는 지시에 문짝만 태워 문화재를 보존했다. 1953년 차일혁의 부대가 이현상을 사살했다.

청학상인(?~1602): 천문과 지리에 통달하고, 축지법을 익혀 여러 나라를 유람했으며, 만년에 지리산 청학동에 머물렀다고 한다. 『해동전도록』에 따르면 청학상인의 도맥(道脈)은 토정비결로 유명한 이지함으로 이어졌다.

최제우(1824~1864): 동학 교조. 조정의 탄압을 받아 1861년 남원의 은적암에서 피신 생활을 했다. 이때 동학 이론화 작업을 했고, 사회 상황에 불안해하던 부녀자를 위한 「안심가」와 정치적 변혁을 묘사한 「검결」이란 가사(歌辭)를 지었다.

최치원(857~?): 유교, 불교, 도교를 아우르는 통합 사상을 추구한 유학자. 당나라와 신라에서 문장가로 이름을 날렸으나, 신라 말기 정치적 격변기에 포부를 펼치지 못하고, 지방 관료를 전전하다 벼슬을 버리고 세상을 떠돌았다. 지리산에 최치원의 유적과 설화가 많이 있다.

최화수(1947~2017): 지리산 곳곳을 누비면서 지리산의 자연과 사람, 문화, 사건 등에 대한 기사와 책을 썼다. 대표작인 『지리산 365일』(1~4권)을 비롯해 『지리산』, 『지리산 반세기』 등을 썼다.

탄연(1069~1158): 인종과 의종의 왕사(王師)로서 선종 부흥을 이끌었고, 입적할 때까지 11년간 지리산 단속사에 머물며 후학을 지도했다.

하용제(1854~1919): 산청 출신 독립운동가. 덕천서원의 경의당(敬義堂) 현판을 썼다. 1919년 독립 운동인 파리장서 운동에 참여했다가 투옥되어 고문 후유증으로 운명했다.

하익범(1767~1815): 남명학파 문인. 지리산을 유람하고 쓴 『유두류록』에는 당시에 관료들이 유람하면서 행한 민폐와 산행 과정이 기록되어 있다.

하준수(1921~1955): 일명 남도부. 일본 유학 중 징집을 피해 지리산에 은신하면서 1945년 항일 결사대를 조직해 경찰서를 습격하는 등 반일 운동을 했다. 해방 후 지리산과 태백산 일대에서 빨치산 대장으로 활약하다 1955년 총살되었다.

하즙(1303~1380): 산청군 남사예담촌 출생 문신. 하즙이 심고, 그의 시호를 따라 이름 붙인 원정매가 700여 년이 지난 지금도 남사예담촌에서 꽃을 피우고 있다.

하홍도(1593~1666): 남명의 학문을 계승해 남명 이후 일인자로 일컬어졌다. 광해군의 실정을 개탄하고, 고향 하동에 돌아와 후학 양성에 힘썼다. 『겸재집』을 저술했다.

한유한(13세기 초): 고려 무신 정권기에 도교와 신선 사상에 심취한 인물. 국가에 재앙이 닥칠 것을 예견하고 1204년에 가족을 데리고 개경을 떠나 지리산 악양에 숨어 살았다고 한다. 악양면 평사리에 그가 머물렀다는 삽암과 취적대 자취가 있다.

함태식(1928~2013): 구례 출생. 구례 연하반 산악회에서 활동하다가 노고단산장에서 16년, 피아골대피소에서 22년 생활하며 자연보호와 조난자 구조에 힘썼다.

허만수(1916~1976?): 진주 출생. 지리산 세석평전에 움막을 짓고 30여 년 살면서 등산로 정비, 조난자 구조, 야생동물 보호 등을 했다. 1976년 6월 종적을 감춘 뒤 발견되지 않았다. 중산리 등산로 입구에 추모비가 있다.

혜소(774~850): 당나라에서 남종선(南宗禪)을 배워 830년에 귀국해 지리산 쌍계사에서 수행했다. 불교음악 범패를 널리 보급했다. 쌍계사에 혜소의 공적을 기리는 진감선사탑비(국보 47호)가 있다.

홍척(9세기 추정): 당나라에서 남종선을 공부하고 귀국해 지리산 실상사에서 남종선을 전파했다. 9산선문 중에서 가장 먼저 실상산문을 열어, 타 지역에서도 산문이 성장할 수 있도록 했다.

황준량(1517~1563): 1545년 지리산을 유람하고 『방장산유록』과 기행 시 2편을 썼다. 기행 시에는 자기성찰과 지리산에 대한 자긍심이 잘 드러나 있다.

황현(1855~1910): 구례에서 호양(초등)학교를 설립하고, 47년간 역사 기록물인 『매천야록』을 저술했다. 1910년 국권 피탈 소식이 전해지자 분개해 절명시*를 남기고 자결했다.

효왕(기원전 84년 전후): 지리산에 사람이 살았다는 첫 기록은 약 2,100년 전인 기원전 78년에 마한의 효왕이 전쟁을 피해 달궁에 들어와 살았다는 설화로, 이는 서산대사의 『청허당집』(1612)과 『남원읍지』(1699)」에 기록되어 있다.

휴정(1520~1604): 서산대사. 지리산 원통암에서 승려가 되어 20여 년간 지리산에서 수행했다. 임진왜란 때 전국의 승병을 지휘해 큰 공을 세웠다. 선종과 교종을 일치시키고, 유교, 불교, 도교를 일원화하는 삼교 통합론을 주창했다.

* 황현의 절명시(絶命詩) 한 구절: 국가에서 선비를 키운 지,500년이 되었는데 / 나라가 망하는 난에 책임을 지고 죽는 사람이 하나도 없다면 / 어찌 가슴이 아프지 아니하겠는가!

역사 속 지리산

• 피난처

지리산 주변에 사람이 살기 시작한 것은 신석기 시대 후기부터이며, 하동, 구례, 남원에 청동기 시대 고인돌이 남아 있는 것으로 보아 청동기 시대부터는 산간 내륙에도 사람이 거주했으리라 추측한다.

지리산에 대한 최초 설화는 지리산에서 약 20년간 수도한 서산대사의 『청허당집』에 다음과 같이 실려 있다. "기원전 78년에 마한의 왕이 전쟁을 피해 지리산에 들어와 궁전을 짓고 성을 쌓았는데, 고갯마루 이름을 성을 쌓은 장군의 성(姓)을 따서 각각 황(黃)령, 정(鄭)령으로 불렀다. 성은 72년간 보전되었고, 이후 576년에 황령 남쪽에 절을 세워 황령정사(黃嶺精舍)라 했다." 1928년 달궁에 홍수가 나 왕궁 터에서 많은 유물이 나왔는데 이를 일본인이 가져갔을 것이라는 증언이 있었고, 정령치에는 희미하나마 성곽 흔적이 아직 있다. 따라서 이 기록을 근거로 지리산에 사람이 들어와 산 역사는 약 2,100년 전이라고 추론할 수 있다.

마한의 왕이 전쟁을 피해 지리산에 들어왔고, 신라 말기의 최치원과 고려 중기의 한유한, 조선 중기의 조식이 혼탁한 정치를 피해 지리산에 들어와 시름을 달래거나 학문을 닦았듯이, 지리산은 세상을 등지거나 쫓기는 사람에게 피난처 같은 곳이었다. 궁핍한 사람들은 골이 깊어 은신할 수 있고, 물이 많아 농사를 지을 수 있으며, 임산물도 많아 "지리산에 들어가면 살 수 있다"고 믿었다. 1463년에 이륙이 쓴 『유지리산록』에도 반야봉 주변에 세상을 피해 사는 사람들이 많다고 기록되어 있다.

본격적으로 외지인이 지리산에 들어오기 시작한 것은 임진왜란(1592~1598년)과 병자호란(1636~1637년) 시기로, 전쟁과 빈곤, 세금을 피해서 농경지를 개간하고 집 지을 만한 장소가 있는 곳을 찾아 나서면서부터이다. 또한 지리산을 이상향으로 묘사한 『정감록』 같은 책을 따라 지리산으로 이주하거나 기도하러 들어오는 사람들의 발길이 끊이지 않았다. 조선 후기와 일제 강점기에도 유랑하는 농민 일부가 화전을 하고자 들어왔고, 의병들이 지리산을 거점으로 활동하다 그대로 은거했으며, 강제 징용을 피해 지리산 깊은 곳으로 숨어드는 사람도 많았다. 한국 전쟁과 빨치산 전투가 이어진 10여 년간 지리산 일원의 많은 주민이 희생되거나 산 아래로 이주해 인구가 일시적으로 급감했고, 이후 1960년대 초까지 생활이 어려운 사람들이 산림 벌채와 화전을 하려고 입산했다. 이후 경제 발전과 도시화에 따라 도시로 떠나는 인구가 많아져 지리산 일원 인구수는 크게 감소했으나, 현재는 귀농·귀촌 현상으로 인구가 다시 유입되고 있다.

• 전쟁터

지리산 최초의 전쟁 기록은 삼국 시대인 602년에 운봉고원에서 벌어진 백제와 신라 사이의 아막성 전투로, 624년에 백제가 승리해 함양 지역에 진출했다. 운봉고원에 가야계 고분이 많이 산재하니, 이곳은 가야-백제-신라의 각축장이었던 것으로 보인다.

지리산은 남해안에 인접해 병풍처럼 길게 서 있는 일종의 장애물이다. 따라서 삼국 시대부터 출몰이 잦았던 왜구들이 남해안을 침입해서 내륙으로 들어갈 때, 지리산은 이를 지연시키거나 아군이 반격하는 군사 요충지 기능을 했다. 이후에도 오랜 기간 왜구의 주요 진출입로가 되었을 지리산 동·서·남쪽의 길목과 섬진강에서 많은 전투와 약탈이 있었다. 특히 1380년 이성계가 왜구 2,000여 명을 크게 물리친 황산대첩(운봉 인근)이 유명하고, 이때 살아남은 패잔병들이 지리산에 들어가 천왕봉 성모상을 칼로 내리치고 법계사에 불을 질렀다고 한다.

임진왜란과 정유재란 때에도 지리산 남쪽의 진주-하동-구례-남원 루트와 동쪽의 진주-산청-함양 루트, 서쪽의 남원-함양 루트가 일본군의 진격 및 퇴로가 되어 많은 전사자가 발생하고 약탈을 당했다. 특히 1593년 진주성 전투에서 약 7만 명의 장병과 주민이 희생되고, 1597년 남원성 전투에서 1만 여 명의 장병과 주민이 순절했다. 남원성이 함락되자 구례에서는 왕득인을 비롯한 선비들이 의병을 일으

키고 승병들이 가세해 석주관에서 일본군의 후방 보급로를 차단하고
자 싸우다가 대부분 전사했다.

지리산은 1894년에 발생한 동학 농민 혁명의 무대가 되어 김
개남이 동학 농민군을 이끌고 남원, 임실, 무주 등을 중심으로, 김인배
가 진주, 하동, 순천 등 지리산 남·동부권에서 일본군과 관군을 대상
으로 전투를 치렀다. 지리산은 항일 의병의 발원지로 임진왜란 때는
청매 인오 스님이 승병을 이끌고, 조경남이 의병을 이끌고 참전했으
며, 곽재우, 정인홍 등 남명의 제자들이 도처에서 의병장으로 왜군을
무찔렀다. 한말의 격동기에는 노응규, 김동신, 고광순 등 의병장이 지
리산을 근거지로 항일 투쟁을 하다 순국했다.

지리산 자락에 있는 연곡사는 화엄사와 같은 시기에 지어진 고
찰이나 전란이 있을 때마다 불에 탔다. 임진왜란 때는 승병을 일으킨
곳이라는 이유로, 1907년에는 의병 주둔지란 이유로 일본군이 불을
질렀고, 여순 사건 때에는 빨치산의 은거지가 될 수 있다고 불태워졌
다. 지리산에 있는 다른 많은 사찰도 같은 이유로 매번 화를 입었다.

이와 같이 지리산에는 침략군에 대항한 전쟁터 흔적과 의병들
의 전쟁 이야기가 많이 남아 있다. 또한, 한국 전쟁 전후에 활동했던 빨
치산의 은신처와 전투 기록물이 있고, 빨치산과 토벌대 사이의 전투에
휘말려 속절없이 죽어 간 민간인들과 불타 없어진 마을의 아픈 역사
도 있다.

• 여행지(유람, 관광, 휴양, 등산)

지리산이 조선 시대 선비들에게 유람과 수양의 대상지가 된 것은 최치원이나 조식 같은 선현들의 자취를 밟으며 세상을 성찰하는 장소로 알맞았기 때문이다. 또한 각박한 세상을 피해서 안전하게 은거할 수 있다는 청학동을 찾아서 지리산을 다녀가는 사람들도 많았다. 최근까지 지리산 유람록은 100여 편이 발굴되었고, 기행 시는 수천 편이 확인되고 있다.

예전 지리산 유람은 평민들은 꿈도 꾸지 못할 일이었고, 양반이나 지식인도 많은 시간과 재력, 체력이 필요했기 때문에 큰 결심이 필요한 일이었다. 산길을 잘 아는 스님들에게 길 안내를 받아야 했고, 음식 조달, 장비 운반, 잠자리 마련 등을 도와줄 만한 사람들이 있어야만 가능한 일이었기 때문이다.

사람들이 지리산을 휴양지로 여기기 시작한 것은 1920년대, 서양의 기독교 선교사들이 노고단 일원에 휴양촌을 조성한 이후부터이다. 노고단 휴양촌은 한국 전쟁 때 불타 없어졌고, 1960년대에 왕시루봉에 휴양촌을 조성해 현재 건물 12채가 남아 있다.

1931년 전주-남원, 1936년 순천까지 기차가 개통되면서 지리산은 관광지로서 서서히 부각되었다. 당시 일본인을 대상으로 한 『조선산악』, 『조선여행안내기』, 『조선의 관광』 같은 잡지에 천왕봉과 노고단 등산, 교통과 비용, 주요 사찰에 관한 정보가 실렸다.

우리나라 근대 등산의 시작은 1931년 일본인 중심의 조선산악회가 발족된 후부터이다. 1938년 조선일보사가 조직한 '지리산 탐험단'이 노고단-천왕봉-백무동 구간을 8일간 답사했고, 당시 단원이었던 이은상 선생이 답사기를 조선일보에 실었다. 또한 1938년 지리산 국립공원화에 대한 신문 기사가 있었던 것으로 미루어 볼 때 이 시기에 지리산을 찾는 탐방객이 꾸준히 있었던 것으로 추측된다.

일제 강점기에 일본인들이 지리산에 규슈대학과 교토대학의 연습림을 운영해 식물을 조사했고, 해로운 짐승을 없앤다는 이유로 호랑이, 표범, 반달가슴곰 같은 대형 포유류를 대량 사냥했으니, 이와 관련된 사람들이 지리산을 많이 등정했을 것으로 보인다.

1947년 노고단에서 전국 스키 대회, 1948년 학생 스키 대회가 열렸는데, 이때 참가 인원은 100명 이하였다. 해방 이후 열악한 사회 환경과 교통 여건으로 일반인이 지리산을 등산하는 일은 거의 없었던 것으로 보인다. 더구나 1948년 10월 여순 사건 이후 빨치산 토벌 전투가 공식적으로 종료된 1955년 3월까지 지리산은 입산 금지 상태였다.

1955년 4월 입산 금지가 해제되자, 구례에서는 연하반 산악회가 3차례 시도 끝에 노고단 등정에 성공할 만큼 빨치산 토벌 전투 때 생긴 소로가 많고 잡목에 가려 등산로 찾기가 어려웠다. 1956년 반야봉 등정, 1957~1958년 노고단에서 천왕봉까지 종주 등산로 개척 시에도 낫과 톱으로 길을 만들어 가며 간신히 종주에 성공했다.

1950년대 중반에서 1960년대 지리산은 주로 대학과 고등학

교 산악부의 장거리 등산과 극지법에 따른 적설기 등반 장소로 이용
되었다. 특히 해외 원정을 대비해 겨울 식량과 장비를 테스트하고 리
더십과 팀워크를 연마하는 훈련 장소로 쓰였다.

지리산 동부 지역에서는 부산 산악인들이 1956년 지리산 학술
조사 종주 등반, 1964년 부산일보사가 주최한 칠선계곡 조사(지리산 동
북루트 개척 학술조사) 등과 같은 탐사 산행을 이어 갔다. 특히 칠선계곡
조사에 참여했던 대원들이 당시 불법으로 성행했던 도벌 현장을 확인
했고, 지리산 곳곳에 100여 개 이정표를 설치해 지리산 등산 대중화
에 기여했다.

천왕봉에는 토굴식 아지트를 개조한 지하 산장이 1957년에 들
어섰고, 이곳은 성모사당에 기도하러 오는 사람들이 많이 찾았다. 김
순용이라는 사람이 운영한 이 산장의 사용료는 일반인 50환, 학생 30
환이었고, 간단한 먹거리를 팔았다. 이때 천왕봉을 찾아오는 등산객은
극히 적었고, 80%가 고등학생이었다. 1961년에 천왕봉에 오른 사람
은 150여 명에 불과했다.

지리산이 본격적으로 여행지가 된 것은 1970년대로, 이 시기
고등학생을 비롯한 청년들의 놀이 문화는 주로 산과 해수욕장에서 캠
핑을 하는 것이었다. 따라서 가장 높고 멋지다는 지리산에 가는 것은
청년들의 로망이었다. 이어서 도로망이 확충되고 자가용 시대가 도래
한 1980년대 후반부터 다양한 계층의 탐방객이 급증해 지리산은 등
산 명소가 되었다. 2020년 기준으로 지리산국립공원에는 53개 구간

234.7km 탐방로가 있고, 국립공원 바깥에는 295km 둘레길이 있다. 최근(코로나 사태 이전) 지리산국립공원 연평균 탐방객은 약 300만 명, 지리산둘레길 탐방객은 약 40만 명이다.

1958년 구례 연하반 산악회 지리산 종주 © 우두성

지리산 문화

| 산신 숭배와 민속 신앙 |

우리나라(고조선)의 건국 신화가 백두산에서 비롯되었듯이 우리 민족은 하늘과 맞닿은 산을 숭배하는 산신 신앙을 갖고 있고, 이에 따라 신라, 고려, 조선의 건국 신화*는 각각 지리산과 깊은 관련이 있다. 삼국 시대 이후 국가 주도로 천왕봉과 노고단, 지리산 신사에서 산신에게 나라의 안녕을 기원하는 제사를 지냈다. 현재도 구례 남악사를 비롯한 지리산 각지에서 산신제를 개최해 그 전통을 이어 가고 있다.

우리나라의 민속 신앙(무속)은 불교나 도교 같은 종교가 전래되기 이전에 개인의 소망을 기원하고 한을 풀기 위한 의식이었다. 이런 의식을 주도하는 성모가 지리산 천왕봉에서 살면서 딸을 100명(또는 8명) 낳아 무당으로 기른 후, 전국 8도에 보내 사람들의 운명을 다스리게 했다는 설화가 전해진다. 그래서 많은 무속인과 민중이 지리산 곳

＊ 신라 건국 신화: 「삼국사기」에 신라의 시조 박혁거세의 어머니인 선도성모(仙桃聖母)를 지리산 산신으로 받들어 그를 모신 사당이 천왕봉 또는 노고단에 있었다고 한다.
고려 건국 신화: 지리산 산신이 개성에서 새로운 왕조가 탄생할 것을 예언하고, 이 예언은 도선(道詵)을 통해 왕건 집안에 전해졌다. 도선의 풍수지리설을 따라 집을 짓고 아들을 낳으니 그가 왕건이다. 고려 왕실은 지리산 성모가 왕건의 어머니인 위숙왕후였다고 신격화했다(김아네스, 2008).
조선 건국 신화: 고려 말 이성계는 지리산 인근 황산에서 왜구를 격퇴해 명망을 높였다. 그가 왕위에 오르기에 앞서 이씨 왕조 탄생을 예언하는 책을 지리산 바위에서 얻어, 지리산은 예언서를 간직한 신성한 장소로 여겨졌다(김아네스, 2011).

곳을 기도처로 삼았다. 지금도 천왕봉을 비롯한 지리산 여러 곳에 올라 소망과 안녕을 비는 사람이 많다.

성모신앙으로 상징되는 지리산의 민속 신앙은 불교가 전래되자 불교 사상에 융합되어 갔다. 지리산 엄천사의 승려 법우 화상이 무당의 시조라는 설화, 민속 신앙의 산물인 석장승이 지리산 실상사 입구에 서 있는 것이 대표적인 예이다.

삼신봉에서 제사를 지내는 모습(출처: brunch.co.kr@historytrekking57)

1960년대의 천왕봉 성모석상 제사 터 ⓒ 민병태

| 도가(道家) 문화 |

혼란스런 세상을 피해 신선처럼 살고 싶은 도가의 이상향이 중국에서는 무릉도원이고 우리나라에서는 청학동이었다. 지리산은 청학동으로 가장 많이 거론된 장소로서 하동 쌍계사와 불일폭포, 신흥동 일원에 청학동과 최치원에 관한 유적이 많이 남아 있다. 세석평전, 덕평봉 밑, 지리산 아래 덕산, 의신, 악양 매계리 등도 청학동 거론지이다.

한국 전쟁 이후, 지리산 자락인 하동군 청암면 묵계리에는 이곳을 청학동으로 인식한 유불선합일갱정유도(儒佛仙合一更定儒道)를 믿는 사람들이 들어와 전통 생활을 했던 도인촌이 있고, 환인, 환웅, 단군을 기리는 삼성궁이 들어서 있다.

| 불교 문화 |

544년(또는 8세기)에 화엄종 사찰인 화엄사가 창건되고,* 8세기 초에 선종 사찰인 단속사와 쌍계사, 9세기에 실상사가 창건되었다. 또한 불교 개혁 운동의 싹이 텄던 상무주암, 성철 스님이 수행했던 대원사, 범패와 차 문화를 도입한 쌍계사, 한국 불교의 맥을 되살린 칠불사, 서산대사가 수행한 원통암 등 유서 깊은 사찰과 암자가 지리산 자락 곳곳에 들어서 있다.

---

* 공식적인 지리산 최초 사찰은 화엄사와 연곡사이지만, 설화에 나오는 최초 사찰은 운상원(雲上院, 현재의 칠불사)이다. 서기 1세기경 가야 김수로왕의 일곱 왕자가 이곳에서 성불(成佛)한 것을 기념해 김수로왕이 창건했다고 한다.

9세기 말에 최치원이 쌍계사에 머물며 불교 사상과 유학을 접목하는 시도를 했다. 이와 같이 지리산에서는 토착 신앙과 불교의 각 종파, 유학이 공존하면서 융합하며 발전해 갔다. 통일 신라와 고려 시대에 번성했던 불교 문화는 유교를 내세운 조선 시대에 쇠퇴를 거듭하게 된다. 1472년에 지리산을 오른 김종직은 400여 개에 이르는 절이 있었다고 했는데, 1760년 전후에 편찬된 『여지도서』에는 34개소만 기록되어 있다. 조선 시대에는 승려가 천민 취급을 받았고 수탈과 부역에 시달렸다. 이에 따라 많은 승려가 절을 떠났고, 빈 절은 시대에 따라 사회 저항 세력이나 항일 의병들의 근거지가 되었다. 특히, 지리산 유람록에 많이 등장했던 단속사와 군자사, 신흥사 등이 폐사되었다. 일제 강점기에 많은 불교 문화재가 일본으로 반출되었고, 한국 전쟁과 빨치산 전투로 지리산에 있던 사찰 대부분이 불태워져 많은 전각과 불교 문화재가 사라진 것은 매우 안타까운 일이다.

| 유교 문화 |

유교를 통치 이념으로 내세운 조선 시대에는 지리산 자락에 향교와 서당이 들어서서 유학을 공부하는 터전이 되었다. 지리산권에는 총 62개 서원(남원20, 산청17, 함양13, 하동7, 구례5)이 있었던 것으로 추측된다. 특히 영남사림파 대표로 일컬어지는 김종직과 그의 제자 정여창이 각각 함양 군수와 안음 현감을 지내면서 지리산을 유람하고 유

학 정신을 펼쳤다. 또한, 대쪽 같은 선비의 표상인 남명 조식이 지리산 천왕봉 아래 덕산에 거주하면서 선비 문화와 실천적인 성리학 학풍을 일구어 냈다. 남명학파 학맥은 지리산과 진주를 넘어 경상남도 일원과 호남의 순천, 남원까지 이어졌다. 남명의 실천 정신을 이어받은 많은 제자가 임진왜란 때 의병으로 나서 구국의 일선에서 싸웠다.

| 사회 변혁 운동 |

지리산은 1862년에 관료들의 수탈과 횡포에 대항한 진주 농민운동의 발상지가 되었고, 1894년에 시작된 동학 농민 혁명의 무대가 되었다. 사람 평등과 사회 개혁을 주장한 동학의 창시자 최제우가 남원에서 동학 이론을 저술하고 포교해 동학이 전라도 다른 지역으로 전파되었다. 구한말에는 일본 제국에 반대하는 많은 의병이 지리산 자락에서 활동했고, 경술국치 때에는 황현이 분함을 참지 못하고 자결을 해 선비의 절개를 표하기도 했다.

| 예술 |

•음악

신라 경덕왕 때 옥보고가 지리산 운상원(칠불사)에 들어가 50년 간 거문고를 익혔고, 진감선사가 830년경 당나라에서 불교 음악 범패를 도입해 쌍계사에서 발전시켰다. 구례에서는 조선 시대 궁중에서 연주하던 향제줄풍류를 계승하고 있다. 또한 시대의 격동과 삶의 애환을 그린 최척전을 비롯한 춘향전, 홍부전, 변강쇠전 같은 판소리 이야기가 지리산 지역을 배경으로 많이 생겨났다. 섬진강 동쪽인 남원과 구례에서 전승된 판소리는 동편제로, 섬진강 서쪽의 서편제와 비교할 때 발성을 무겁게 하고, 소리 꼬리를 짧게 끊으며 웅장한 시김새로 짜이는 특징이 있다. 지리산의 계곡과 폭포수 곳곳에서 소리 공부를 해 웅장하고 선이 굵은 남성적인 소리가 나왔다.

• 미술, 공예

통일 신라 시대 단속사에 솔거가 그린 유마상(부처의 제자 그림)이 있었다고 하나 전하지는 않는다. 조선 시대에 이징, 김윤겸이 그린 산수화가 남아 있고, 근대 이후 유명 서예가들이 활동했다. 지리산 북쪽의 실상사 앞마을에서 발달한 칠기 공예는 한국 목공예의 전통을 잇고 있다. 이 지역은 지리산에 옻나무를 비롯한 목재가 풍부하고, 실상사에서 목기 수요가 많아 조선 시대부터 정교하고 질 높은 칠기 특산지였다.

• 문학

백제 시대의 시가 작품인 「지리산가」의 내용이 남아 있고, 많은 유학자가 지리산을 배경으로 한시와 유람록을 남겼다. 지금까지 전해지는 유람록은 100여 편이다. 최초 작품은 1463년 이륙이 쓴『유지리산록』이고, 마지막 작품은 1941년 양회갑이 쓴『두류산기』이다. 유람록에는 옛 지식인들의 지리산에 대한 역사, 문화, 철학적 인식은 물론 당시 지리산 모습(지리, 지형, 생태)과 사람들의 생활상, 종교와 신앙, 계층 간 갈등 등이 잘 묘사되어 있어 문학적 가치와 더불어 기록물로서 가치가 크다.

구한말과 일제 강점기에 많은 사건이 있었던 지리산을 배경으로『토지』(박경리),『지리산』(이병주),『태백산맥』(조정래) 같은 소설이 나왔다. 빨치산의 삶과 죽음을 묘사한『남부군』(이태),『빨치산의 딸』(정지아),『지리산 빨치산』(오찬식) 같은 실록 소설도 출간되었다. 송수권, 이성부, 고정희 같은 시인은 지리산과 사람의 애환에 관한 시를 썼다.

| 문화유산 |

지리산에는 국립공원 구역 내에만도 국보 8점, 보물 33점, 명승 2개소를 비롯한 지정 문화재가 있고, 이 외에도 수많은 종교 유적, 문화경관, 향토·생활 문화자원, 사건 현장, 설화, 전통 제례 등이 있다.

지리산국립공원 주요 문화재(2021년 10월 기준)

구분	수량	문화재	
		위치	
국보	9점	화엄사	각황전, 각황전 앞 석등, 사사자 삼층석탑, 영산회괘불탱, 목조비로자나삼신불좌상
		연곡사	동 승탑, 북 승탑
		쌍계사	진감선사탑비
		덕산사	석남암사지 석조비로자나불좌상
보물	31점	화엄사	대웅전, 대웅전 삼신불탱, 화엄석경, 동 오층석탑, 서 오층석탑, 서 오층석탑 사리장엄구, 원통전 앞 사자탑
		연곡사	삼층석탑, 현각선사탑비, 동 승탑비, 소요대사탑
		천은사	극락전 아미타후불탱화, 괘불탱, 금동불감, 삼장보살도, 목조관세음보살좌상 및 대세지보살좌상, 극락보전
		쌍계사	대웅전, 대웅전 삼세불탱, 팔상전 영산회상도, 팔상전 팔상탱, 목조석가여래삼불좌상 및 사보살입상, 괘불도, 감로왕도, 동종, 승탑
			대원사 다층석탑, 법계사 삼층석탑, 덕산사 삼층석탑, 산청 대포리 삼층석탑, 남원 개령암지 마애불상군

사적 1개소(화엄사) / **명승** 2개소 (화엄사 일원, 한신계곡 일원)

천연기념물 10개 / **시도유형문화재** 22개 / **시도기념물** 4개 / **문화재자료** 7개

산청 전 구형왕릉(사적 214호)

법계사 삼층석탑(보물 473호)

화엄사 사사자 삼층석탑(국보 35호)

*이 장에서는 30여 년 전 국립공원관리공단의 첫 레인저로 입사한 이래
평생을 국립공원에 몸담은 저자가 바라본 '국립공원'으로서 지리산을 이야기한다.

생각하다

지리산과 지역사회는 동반자

지리산 대원사계곡 깊은 산중에 자리한 유평리 마을. 짙푸른 숲과 청량한 계곡에 둘러싸여 있지만, 정작 대부분 마을은 국립공원 구역에서 빠져 있다. 본래 공원 구역이었지만, 자연공원법 규제가 심해서 살기 어렵다고 공원 구역 제외를 요구해 이를 정부에서 받아들였다. 그러나 공원 구역 제외 후 10여 년이 지났지만 마을에는 큰 변화가 없는 듯하다.

국립공원연구원이 공원 구역에서 해제된 37개 마을을 두고 진행한 해제 효과 연구에 따르면, 해제된 마을의 51%는 삶의 질, 주민 소득, 부동산 가격에 변화가 없고, 해제된 마을의 41%는 자연환경 훼손, 경관 훼손, 쓰레기와 수질 오염 증가 문제가 발생했다. 즉, 공원마을 대부분이 산간 오지에 있어 공원 구역에서 해제되더라도 다른 법률에 따른 규제를 여전히 받아 소득 및 재산 증가에 영향이 없고, 오히려 무분별한 개발로 환경과 경관 훼손 문제가 발생하며, 쓰레기와 수질 오염이 증가해도 이를 제때에 처리하지 못하는 부작용이 있다. 이

러한 자연 훼손과 환경 오염 문제는 인접한 공원 구역에도 나쁜 영향을 미친다.

지리산이 국립공원으로 지정되기 전에 유평마을 사람들은 나무를 베어 실패 공장에 납품하거나, 숯을 굽고 나무껍질을 벗겨 팔아 생계를 유지하거나, 산에서 약초를 캐고 불을 질러 화전을 일구며 살았다. 또한 산죽을 베어다 김발 재료, 인삼밭 자재로 팔거나, 조리를 만들어 팔기도 했다. 힘든 줄도 모르고 무재치기폭포까지 산죽을 베러 갈만큼 산죽은 한때 마을 수입의 절반 이상을 차지했다. 이런 생계 수단은 마을이 국립공원 구역으로 지정된 후에 대부분 불법 행위로 분류되었다. 자연이냐 사람이냐를 따질 때 국립공원 측은 자연을, 지역 주민들은 먹고사는 문제를 우선하지 않을 수 없어 갈등과 반목이 심했다.

국립공원 제도는 자연과 환경을 지키는 순기능이 있지만 주민의 재산권 행사와 경제 활동을 제한하는 측면이 있어 갈등 요인이 되어 왔다. 특히 국립공원 혜택은 탐방객이 누리고, 정작 지역에서는 일부 주민들의 관광 소득 외에 별 혜택이 없었다. 이에 따라 최근 국립공원 정책은 지역사회 기여와 협력을 매우 중시한다. 이를테면 지역협치위원회, 문화유산보전협의회, 국립공원시민대학 등을 운영해 공원 정책을 주민들에게 알리는 동시에 주민들의 의견을 공원 정책에 반영한다. 또한 명품마을 조성, 특산물 판매 지원, 마을 축제 지원, 생태·문화 관광 유치 등 국립공원이 마을 경제에 직·간접적으로 기여하는 지원 사업을 늘리고 있다.

지리산 권역 5개 시·군 또한 지리산을 기반으로 지역 발전을 모색하고 있다. 이 가운데 함양군에서는 군정 지표를 '굿모닝 지리산'으로 정하고, 모든 행사나 프로그램 앞에 이 구호를 사용한다. '굿모닝 지리산'은 지리산처럼 청렴하고 정의로운 정치를 하겠다는 의미이지만, 이를 넘어 함양의 브랜드처럼 인식되고 있어 여러 모로 참신하다는 생각이 든다. 구례의 브랜드 슬로건도 '자연으로 가는 길, 구례'이다.

자연을 개발해서 먹고살자고 했던 과거와 달리, 이제는 아름다운 자연과 깨끗한 환경이 지역경제를 이끄는 시대다. 그런 의미에서 지역사회와 국립공원이 '어울렁 더울렁' 함께 발전하면서 살아가는 동반자가 되었으면 한다.

국립공원시민대학. 국립공원과 지역사회 문제를 함께 풀어 나가려 한다.

지리산권 공동 브랜드 달고미

지리산 반달가슴곰을 복원하려 했을 때 처음에는 규제가 더 심해지는 거 아니냐, 곰 때문에 지역 주민이 불편해지는 거 아니냐, 곰을 제대로 알고나 복원하는 것이냐 등 논란이 많았다. 그러나 오랜 우여곡절 끝에 이제는 지리산에 사는 반달가슴곰 수가 70마리를 넘었고, 지역주민들도 그러려니 받아들이면서 반달가슴곰은 지리산의 상징이 되었다. 개체 수가 늘어나면서 지리산 경계를 벗어나 90km 떨어진 김천 수도산으로 이주를 시도하거나, 섬진강을 넘어 광양 백운산을 새 서식처로 탐색하는 등 이제 반달가슴곰은 지리산권을 넘나드는 분산 활동을 하고 있다. 복원사업의 목표가 백두대간을 비롯한 한반도 자연 생태계를 건강하게 하는 것인 만큼, 차츰 복원 대상지 외연을 확장해야 한다. 김천 수도산 주민들이 반달가슴곰 출현을 반기는 모습에서 알 수 있듯 이제 우리나라에서도 야생동물을 배려하며 공존하는 문화가 어느 정도 자리매김한 듯하다.

반달가슴곰은 식물 열매를 먹고 배설하면서 씨앗을 멀리 퍼트리는 역할을 한다. 반달가슴곰이 배설한 씨앗에서 싹이 튼 식물은 땅에서 싹이 튼 식물보다 훨씬 잘 자란다는 실험 결과가 있다. 또한 반달가슴곰은 먹이 경쟁에서 우위를 점해 멧돼지나 고라니 숫자를 줄여 농작물 피해를 줄이는 데에도 도움을 준다.

곰이 사는 지역은 자연이 특히 청정하다고 인식되므로, 이를 생태 관광으로 유도하고 지역경제를 살리는 수단으로 발전시킬 수 있다. 미국과 일본 국립공원에서는 곰을 주제로 다양한 특산물과 기념품을 판매하고, 특색 있는 축제와 행사를 연다. 어떤 곳에서는 아예 마을 전체를 '곰 마을'로 리모델링해서 다른 지역에서는 체험할 수 없는 볼거리, 살거리, 먹거리, 잠자리 등을 제공해 국립공원보다 '곰 마을'을 찾는 탐방객이 더 많을 정도이다. 미국 옐로우스톤국립공원 입구 마을에는 베어월드(Bear World)가 있고, 이곳에서 진행하는 아기 곰에게 우유를 먹이는 체험프로그램과 큰 곰을 볼 수 있는 사파리 체험은 특히 인기가 많다.

미국 옐로우스톤 베어월드에서는 아기 곰에게 우유를 먹이는 체험 프로그램을 운영한다.

지리산 어느 마을에서도 반달가슴곰 서식지에서 생산했다는 표시를 한 쌀과 사과를 판매하고, 자연에서 적응하지 못한 곰을 데려다 탐방객에게 보여 주는 생태 학습장을 운영하며, 곰이 겨울잠에서 깨어나는 시기에 곰과 주민들의 안녕을 기원하는 축제를 열고 있다. 그러나 미국이나 일본처럼 곰 마케팅이 체계적으로 이루어지고 있지는 않다.

이에 반달가슴곰을 주제로 '지리산권 공동 브랜드' 개발에 착수했는데, 이미 전 세계에 수백 개의 곰 캐릭터가 있어 지리산 반달가슴곰의 독창적인 이미지를 만드는 데에 애를 먹었다. 수많은 시안을 검토하고 내·외부 의견 수렴 절차를 거쳐 완성한 캐릭터가 바로 '달고미'이다. 달고미는 '달달하다, 달콤하다'는 뜻이다.

달고미는 통통한 반달가슴곰이 지리산을 껴안고 있는 형상이며, 특산물 종류와 서비스 용도에 따라 여러 디자인을 개발했다. 시범 사업으로 지리산 특산물인 고로쇠, 사과, 곶감 박스에 달고미 캐릭터를 인쇄해 주민들에게 배포한 결과, 큰 호응을 얻었다. 이 외에도 각종 기념품과 포장재에 달고미 캐릭터를 사용해 브랜드 인지도를 높이려 노력하고 있다. 탐방객이 예약 신청하면 등산로 입구로 배달해 주는 도시락 명칭도 '달고미 도시락'이다.

지리산권 공동 브랜드 달고미

달고미 브랜드를 지리산권 5개 시·군의 각 지역 브랜드와 함께 사용하면 지역 가치를 더욱 높여 지역경제에 긍정적인 영향을 미칠 수 있다. 또한 상품뿐만 아니라 서비스 품질이 우수하거나 가성비가 높은 숙박업소나 음식점에 달고미 브랜드를 활용하면, 지리산권 전체 서비스 수준을 끌어올리는 데에도 도움이 될 것이다.

나아가 국립공원에서 하는 명품마을 사업이나 지자체에서 하는 마을 만들기 사업도 곰을 주제로 특화시킬 수 있다. 곰 이미지를 활용해 건물과 거리를 디자인하고, 곰 체험학습장·박물관·소극장·놀이시설 등을 조성하며, 곰에 관한 연극·음악회·전시회·축제·학술대회 등을 연다면 충분히 경제성이 있을 것이다. 모든 숙박업소에 곰 인형을 비치하고, 달고미 캐릭터를 활용한 기념품과 먹거리를 판매하는 등 세세한 마케팅을 꾸준히 시도해야 한다.

브랜드 마케팅의 성공 여부는 상품 품질과 사후관리 수준에 달려 있다. 지리산권 각 지자체와 마케팅 전문가가 참여하는 '달고미 브랜드 위원회'를 만들어 인증 대상 상품의 품질을 엄격하게 심사해야 한다. 또한 중립적인 모니터링팀을 구성해 인증된 상품의 생산-유통-소비-애프터서비스 전 과정에서 상품의 질과 서비스 수준이 떨어지지 않도록 해야 한다. 국민 누구나 달고미 브랜드만을 보고 상품과 서비스를 구매하는 '달고미 시대'가 어서 오기를 바란다.

지리산국립공원 미래 키워드는 문화!

사람마다, 이해관계자마다 의견이 달라 어떤 정책을 취해도 국립공원은 늘 비판받기 마련이지만 공통적으로 듣는 칭찬도 있다. 국립공원 제도가 시행된 이후 50년 사이에 산은 깨끗해졌고, 이용 질서도 잡혔으며, 반달가슴곰을 복원할 만큼 생태계도 회복되었다는 점이다. 세계자연보전연맹(IUCN)에서도 우리나라의 국립공원 관리를 세계 최고 수준으로 평가한다. 그러면 앞으로 50년은 어떤 목표를 가지고 국립공원을 관리해 나가야 하는가? 국민에게 공모해 만든 지리산국립공원 미래상은 '대자연과 문화가 어우러진 생명의 산, 국민의 산'이다. 이 미래상에서 가장 주목해야 할 키워드는 바로 '문화'이다.

그간의 공원관리는 우선 시급했던 자연 회복과 환경 정비에 치중해 공원자원의 한 축인 문화자원 관리에는 미흡했다. 지리산을 비롯한 우리나라 국립공원의 가장 큰 특징은 바로 자연 바탕에 사람들의 삶의 궤적, 즉 문화 흔적이 잘 어우러져 있다는 것이다. 특히 산악 국립공원 명소마다 있는 사찰은 자연과 문화가 어우러진 가장 한국적인 풍경이다.

국립공원의 문화자원은 문화재와 사찰뿐만 아니라 향토적 풍경, 가꾸어진 자연(마을숲·인공림), 전통 생활흔적과 소품, 전통 지식, 근현대 역사물과 증언, 예술·인문학적 소재와 그 결과물 등을 포함한다. 지리산에는 '지리산권 인문학'이 있다. 이는 지리산에서 태동했거나 발전한 사상과 종교, 예술(문학·음악·판소리·미술), 학문(역사학·자연과학·지역경제학) 등을 망라한다. 그런데 안타깝게도 외침이 많았던 역사 탓에 지리산 문화자산은 불타 없어지거나 수탈된 것들이 많다. 남은 문화자산도 일부 지정문화재를 제외하고는 제대로 관리되지 못하고 있다.

국립공원공단 역시, 자연공원법에 문화경관이 공원관리 대상으로 정해져 있는데도 그간 자연자원 보전 위주의 정책을 시행해 문화자원 관리에서는 이렇다 할 조직과 예산을 갖추지 못했다. 따라서 자연·생태·환경 분야의 업무가 어느 정도 정착된 현시점에서 향후 공원관리 지향점으로서 문화에 집중할 시기가 왔다.

사람들은 가끔 대하는 자연, 어렵게 여겨지는 생태계보다는 늘 대하고 쉽게 공감할 수 있는 문화자원에 대한 이해도가 높다. 따라서 국립공원의 문화 업무는 사람들이 국립공원을 더 가깝게 여기고, 국립공원 제도를 더 지지할 수 있도록 하는 매개체가 될 것이다.

지리산국립공원사무소에서는 외부 전문가와 공원 직원이 참여하는 역사·문화 조사단을 꾸려 지리산에 산재한 비지정문화자원을 조사하고 있다. 그 결과 산청과 함양 지역에서 옛 성터를 발굴하고, 하동 불일폭포의 명소였던 완폭대의 각자(돌에 새긴 글)를 211년 만에 발견했으며, 곳곳에서 폐사지 흔적을 확인하는 등 큰 성과를 거두고 있다. 향후에도 지리산유람록에 나오는 옛길 조사, 의병 활동 유적과 문헌 조사 등을 지속할 것이다. 지리산권에서 벌어졌던 이념 분쟁(빨치산과 토벌대)과 민간인 희생 사건 같은 근현대 역사도 더욱 객관적으로 정리해야 한다. 무엇보다도 지리산에 최초로 사람이 들어와 살았다는 달궁 설화를 고증해 지리산에서 사람 역사가 시작된 시기를 규명해야 한다.

문화자원 발굴과 보존 못지않게 중요한 것은 그 가치와 교훈에 대한 교육과 공감이다. 이를테면, 지리산이 낳은 대쪽 선비 조식 선생과 황현 선생의 행적을 따라 스토리텔링하고, 무당 백 명이 있었다는 백무동계곡의 무속 장소를 재현해 해설하며, 동학 농민 혁명, 의병 활동, 항일 투쟁 등 역사가 서린 지역을 순례하고, 청학동 후보지 여러 곳을 인문 답사하는 프로그램 등을 만들어 국립공원의 문화업무를 적극적으로 실행해 나가야 한다. 국립공원의 미래 키워드인 '문화' 업무를 발전시켜 전국 산하에 전파하는 것은 국립공원의 맏형 지리산이 선도적으로 해내야 하는 일이다.

지리산국립공원
50년 역사를 돌아보다

• 우리나라 최초의 국립공원

우리나라에서 국립공원제도를 처음 시작한 계기는 지리산 노고단에 있었던 기독교 선교사 휴양촌 시설을 둘러본 사람들이 이국적인 시설과 자연경관에 감탄한 것을 계기로 1936년 구례 군민들이 일제 당국에 지리산 개발과 등산로 확장을 요구하며 국립공원 지정을 건의한 것이다. 조선 총독부는 식민지 정책 일환으로 지리산을 비롯한 한반도 유명한 산들을 국립공원으로 지정할 의도를 가지고 있었고, 이에 관한 내용은 여러 신문에서 다뤄지기도 했다. 그러나 이런 계획은 중일전쟁, 제2차 세계대전으로 중단되었다.

우리나라 국립공원이 일제 강점기 때 지정되지 않은 것은 매우 다행스런 일이다. 왜냐하면 국립공원은 국토의 상징이고 국민의 자부심이기 때문이다. 당시에 일본 정부가 지리산이나 금강산을 국립공원으로 지정해 일본 국토임을 세계에 홍보했을 걸 생각하면 끔찍하다.

1960년, 미국인 쿨리지(Coolidge)가 우리 정부에 UN군의 휴가 대상지 및 관광 개발을 위해 국립공원 지정이 필요하다고 권고했다. 이와 관련해 정부는 1962년에 건축가 김중업과 농학자 김현규를 세계국립공원대회에 파견해 국립공원 자료를 수집했고, 1963년 재건국민운동본부에 지리산지역개발위원회를 설치해 지리산 국립공원 지정을 준비했다. 1963년 10월 재건국민운동본부는 지리산국립공원 지정 타당성에 관한 보고서를 정부에 제출했다. 이 보고서에는 지리산국립공원을 지정해 특수한 자원을 보호할 뿐 아니라 관광시설 및 자원을 개발하고, 지리산을 개발하기 위한 투자 여건을 조성해야 한다는 내용이 담겨 있다. 심지어 성삼재에서 천왕봉에 이르는 능선에 자동차도로를 내고, 세석평전에서 천은사까지 산자락에 횡단 케이블카를 설치하는 등의 개발 계획이 포함되어 있다.

당시 전국에는 민둥산이 많았다. 정부와 기업은 전쟁 복구와 국토 개발에 필요한 자재로, 국민들은 주택 재료와 땔감용으로 수많은 나무를 남벌했기 때문이다. 지리산 또한 상황이 다르지 않아서, 목재를 반출하기 위한 산판도로가 산악 고지대까지 놓이고, 해발 1,500m 이상인 연하천과 칠선계곡 상류, 해발 1,800m인 제석봉 등 고산에 이르기까지 제재소가 들어서서 톱밥이 계곡을 메울 정도였다. 당국에 고발해도 단속이 미치지 못했다. 이런 상황에서, 1963년 국립공원 지정 문제로 방문한 김현규 교수가 구례의 연하반 산악회 회원들에게 "지리산을 국립공원으로 지정하면 나무 베는 것을 막을 수 있고, 관광 개발로 지역 발전에 도움이 될 것이다"라는 말을 했다.

이에 연하반의 노력으로 1964년 군민대회를 열어 지리산국립 공원 추진위원회를 결성했고, 구례군민 1만 2,000가구 중 1만 가구가 각각 10원씩 회비를 내 활동 기금 10만 원을 마련했다. 이를 기반으로 지리산을 국립공원으로 지정해 달라는 청원서를 정부에 제출했다.

이에 정부는 1965년 국립공원 관련 업무를 건설부 소관으로 정하고, 1967년 공원법을 제정해 국립공원 제도의 틀을 갖췄다. 1967년 12월 27일 지리산을 국립공원으로 지정하자는 결의안이 국토종합계획심의회에서 통과되고, 12월 29일 건설부 장관이 지리산국립공원 지정을 공고함으로써 우리나라 첫 국립공원이 탄생했다.

• 공원관리 정상화를 위한 노력

국립공원으로 지정되었으나 여전히 지리산 도처에서는 도벌과 밀렵이 공공연히 이루어졌고, 1971년에는 바래봉에 면양 목장이 생겼으며, 1979년에는 노고단 정상 아래에 KBS 중계소가 들어섰다. 노고단에서는 원추리축제, 세석평전에서는 철쭉축제가 열렸고, 1987년에는 성삼재와 정령치를 관통하는 산악 도로가 개설되어 생태계 단절은 물론, 더욱 많은 관광객이 유입되어 자연 훼손과 오염이 심화되었다.

정부는 1971년 노고단, 세석평전, 장터목, 치밭목에, 1984년 피아골에 산장을 건립했고, 민간 재원으로 1978년에 로타리산장을 지었으나 이용객에 비해 너무 소규모이고 영세했다. 1980년대에 탐방객이 급증했으나 예산 부족으로 숙박 시설, 야영장, 화장실을 증설하지 못했고, 등산로도 정비하지 못했다. 이에 따라 비박, 무단 방뇨, 쓰레기 방치, 등산로 훼손과 샛길 확산은 물론, 지역주민들이 공원 구역을 무단으로 점용하거나 불법 시설을 설치하는 등 문제가 심각해 급기야 감사원의 특별감사가 시행되기에 이르렀다.

감사원은 위와 같은 문제점을 해결하고 효율적으로 공원을 관리하려면 전문기관이 필요하다고 결론을 내렸고, 이에 따라 1987년 국립공원공단이 설립되었다. 공단은 시급했던 불법시설 철거와 쓰레기 처리, 탐방객과 지역주민을 대상으로 한 공원 이용 질서 확립에 행정력을 집중했다. 당시 이해당사자들은 자연보호의 필요성은 인정하면서도 각종 규제와 단속에 대해서는 극심하게 반발했다.

국립공원공단의 새로운 공원관리 정책은 대부분 지리산에서 먼저 시험해 본 뒤 전국 국립공원에 적용했다. 특히 지리산에서 자연 훼손, 오염, 무질서가 극심했고, 이에 따른 탐방객, 지역주민의 민원, 언론과 학계의 의견이 집중되었기 때문이다.

대표적인 공원관리 정책 사례로는 정해진 장소 외에서는 취사·야영 금지, 정해진 탐방로*가 아닌 샛길 출입 금지, 산불과 환경 오염 우려가 많은 야간 산행 금지, 사람 집중과 소음을 일으키는 단체 행사 제한, 자연 훼손과 쓰레기 발생을 유발하는 고산지대 야영장 폐쇄 및 대피소 이용 유도, 쓰레기 되가져가기 운동, 훼손된 탐방로 및 생물 서식지에 대한 자연휴식년제 실시, 노고단과 세석평전을 비롯한 훼손

---

*국립공원에서는 등산로 대신에 탐방로라는 용어를 사용한다. 산을 정복하는 길이 아니라, 자연에서 배우고 감동을 얻는 길이라는 뜻이다. 탐방로는 다른 곳은 들어가지 말고 이곳만 이용하자는 길이므로 탐방로 바깥은 자연 그대로 두자는 전제가 있다.

지 복구, 동물 밀렵과 식물 무단 채취 금지, 반달가슴곰을 비롯한 멸종위기종 복원, 야생동물 이동 통로 조성, 탐방안내소 및 자연관찰로 조성 등이 있다. 현재도 생태계 교란종 및 외래종 제거, 민감한 생태계 장기 모니터링, 대피소 예약제, 노고단과 칠선계곡 탐방 예약제, 입산 시간 지정제, 흡연과 음주 제한 등 다양한 보호 정책을 지속적으로 시행하고 있다. 또한 국립공원시민대학, 자원봉사 제도, 주민레인저 제도, 지역협치위원회 운영 등 지역사회와도 적극적으로 협력하고 있다.

한편, 지리산국립공원 50년 역사에서 가장 안타까운 사건은 1998년 7월 31일과 8월 1일 사이 한밤중에 발생한 수해이다. 이때 지리산을 중심으로 최대 300mm에 달하는 폭우가 쏟아져, 갑작스런 홍수와 산사태가 일어나, 지리산 일원에서 103명의 사망·실종자가 발생했다. 이 사건을 계기로 국립공원 당국은 생태계 관리와 탐방서비스뿐만 아니라 사람 안전을 보호할 무한한 책임도 있음을 절감했다. 이후부터 전국 국립공원에서 기상특보 발효 시 입산을 전면 통제하고, 위험 상황을 알리는 자동 경보 시스템을 도입했으며, 안전 관리를 전담하는 부서와 인력을 배치했다.

• 지난 50년을 평가하다

지리산국립공원 지정 이후 공원관리 성과를 살펴보면 첫째, 공원 이용 질서가 크게 개선되었다. 벌목과 밀렵 행위가 근절되었고, 취사와 야영을 엄격하게 제한해 쓰레기가 크게 감소했다. 다만 아직도 정해진 탐방로가 아닌 샛길로 다니는 불법 출입 등 일부 무질서한 이용 행태는 사라지지 않았다.

둘째, 자연생태계가 회복되고 있다. 과학적인 자연복원 기법을 적용해 황폐했던 노고단과 세석평전, 무질서한 영업시설이 들어섰던 심원마을 등을 복원했다. 멸종위기에 처했던 반달가슴곰 복원사업을 전개해 이제 70개체가 넘는 집단이 서식한다.

셋째, 탐방객 관리를 체계화했다. 대피소 예약제, 탐방예약제 (노고단·칠선계곡), 입산 시간 지정제 등을 통해 과도한 이용에 따른 자연 부담과 시설 수요를 최소화했다. 탐방안내소와 자연관찰로를 설치하고, 다양한 자연·문화 해설과 환경 교육을 시행하면서 국립공원에 대한 이해도를 높였다.

넷째, 지역사회 협력 업무가 정착되고 있다. 국립공원시민대학과 시민레인저 제도처럼 지역주민이 공원관리에 참여할 수 있는 기회를 확대하고, 특산물 판매 지원과 달고미 브랜드 활용 같은 지역협력 사업을 활발히 해 왔다. 이로써 지역주민과의 공감대가 넓어져 과거의 갈등 관계가 우호·협력 관계로 전환되고 있다.

반면 미흡했던 점을 살펴보면 첫째, 국립공원의 정체성을 완전히 확립하지는 못했다. 사람에게도 생물에게도 자연 혜택을 주는 생태복지 제공처로서, 기후위기 시대의 탄소 흡수처로서 국립공원의 진정한 가치를 국민에게 분명하게 알리지 못했다.

둘째, 이해관계자 협력 관계에서도 취약한 점이 있다. 많은 사유지와 공원마을이 공원 구역에서 제척되었고, 지리산 관통도로, 케이블카, 산악열차, 문화재 관람료 등 주요 이슈에 대한 사회적 합의를 이루지 못했다. 생태·문화 관광 사업에서는 여전히 주민 참여가 미흡하고, 일자리 창출 성과도 제대로 거두지 못했다.

셋째, 미래지향적 업무 개발에 소홀했다. 야생동물과 사람의 공존을 위한 대책, 기후변화 적응, 유전자원 생물과 산업 연계, 경관 관리, 문화자원 관리, 공원의 인문·예술적 가치 개발 등과 같은 부문을 새로운 공원 업무로 발전시키지 못했다.

넷째, 공원관리의 전문성 구축이 미흡했다. 인력과 예산은 증가했으나 업무 수준은 그다지 높아지지 않았다. 모든 직원의 공통 역량이어야 하는 자연 학습과 지형 숙지, 공원 순찰(안내·계도·단속), 안전 관리, 해설 등 현장 업무 전문화에 더 많은 노력이 필요하다. 소통 및 갈등관리, 공원마케팅과 지역경제 연계, 공원과학과 공원디자인 등 새로운 전문성 개발도 필요하다.

• 미래의 지리산국립공원에 바라다

일제 강점기에서 한국 전쟁 이후 1960년대까지 자연 훼손과 환경 오염이 극심했던 시기를 아픔의 역사로, 국립공원 지정 이후 현재까지 50년을 치유의 역사로 정리한다면, 지리산의 미래는 '영광의 역사'가 되어야 한다.

국민과 함께 만든 지리산의 미래상은 '대자연과 문화가 어우러진 생명의 산, 국민의 산'이다. 생태계를 회복하고 유지하면서, 그 생명력이 백두대간으로 뻗어 나가 한반도 전체 자연을 지탱하는 생명의 산이 되어야 하고, 한민족의 유구한 문화와 민족정신을 지키면서 국민과 지역에게 즐거움과 희망을 주는 국민의 산이 되어야 한다.

지리산이 그런 산이 될 수 있도록 기후위기, 탄소 중립 시대를 헤쳐 나갈 과학적인 자연생태계 관리, 모범적인 탐방 질서 정착, 혁신적인 공원기술 적용에 애써 주기를 바란다. 더불어 지리산을 사랑하는 모든 사람의 지혜와 뜻을 모아 '자연도, 국민도, 지역도 만족하는 지리산 유토피아'를 만들어 나가기를 바란다. 끝으로 지리산국립공원 지정 50주년을 기념해서 모든 직원이 정성을 기울여 마련한 '지리산국립공원 미래 50대 과제'도 잘 수행해 나가기를 바란다.

지리산국립공원 미래 50대 과제

자연 가치 증진	1. 지리산국립공원 면적 500km² 달성(현재 483km²) 2. 특별보호구역 50개소(50km²) 지정 3. 멸종위기 야생생물 50종 증식 4. 지리산 관통도로(성삼재·정령치) 운영 개선 5. 야생동물 생태통로 100개소 조성 6. 주요 봉우리, 명소의 자연경관 복원 7. 인공 조림지를 점진적으로 자연림으로 유도 8. 탐방로 순환 휴식년제 시행 9. 기업의 사유지 매수 후 신탁 제도 10. (토지 소유자와) 공원보호협약 10개소 체결 11. 착한 산행 펀드(자발적 기금) 운동 12. 기후변화 취약 생태계 50개소 특별 보호 13. 세계적 보호지역 등재 (세계자연·문화유산/생물권보전지역) 14. 지리산 중심의 광역 생태네트워크 구축
문화 가치 증진	15. 지리산 100경 선정, 경관 관리 16. 천왕봉 제 모습 갖추기(고유 경관, 문화적 상징물 복원) 17. 문화자원 전문 역량, 인프라 구축 18. 문화자원 1만 점 목록화 19. 문화자원·문화 경관 50개소 복원 20. 폐사지 50개소 위치·규모 고증 21. 사찰문화 순례 프로그램 운영 22. 지리산 인문·역사·문화 100점 스토리텔링 자료 구축 23. 지리산의 첫 역사, 달궁터 복원 24. 청학동 옛 모습 복원(불일폭포–쌍계사–신흥마을) 25. 함양 백무동 민속신앙터 복원 및 문화해설

탐방 서비스 강화	26. 5개 시·군 특화 탐방 프로그램 운영 27. 지리산 둘레 순환버스 운영 28. 노약자·장애인 500명 지리산(정상) 체험 (레인저 가이드) 29. 미래세대 호연지기 프로젝트 운영 (자연 모험, 레인저 체험) 30. 지리산 종주 예약제 실시 31. '자연그대로' 공원시설 운영 　　(전기·공해 없는 대피소·야영장) 32. 교양·취미·전문 탐방프로그램 운영 33. (명사·전문가 동행) 고품격 유료 탐방프로그램 운영
지역사회 협력 강화	34. 지리산권 생태·문화·경제 공동협의체 운영 35. 국립공원 내외 100개 자매마을 네트워크 36. 지리산권 공동 브랜드 '달고미' 운영 활성화 37. '(지역을 찾아가는) 국립공원 이해 프로그램' 강화 38. 지리산권 거점 도시에 100개 홍보시설 설치 39. 지역사회에 '공원 일자리' 창출 40. (자원봉사연합체) '지리산 친구들' 결성
공원관리 시스템 강화	41. 지리산국립공원 관리본부 설치 42. 지리산 연구/학술단체 통합 네트워크 운영 43. 지리산박물관 건립 44. 지리산 자연학교 운영(환경교육·등산교육·평생교육) 45. 함양지역 탐방안내소 건립 46. 레인저 500명, 자원활동가 500명 만들기 47. 지리산국립공원 보호 재단 설립 48. 동물과 사람의 충돌방지를 위한 첨단기술 개발
지리산국립공원 50주년 기념사업	49. 지리산 역사 100명 인물 자료집 발간 50. 지리산국립공원 50년사 발간

강성열, 1998, 지리산의 산지지형, 한국교원대학교 대학원 석사학위논문.

강정화, 2016, 「조선시대 지식인의 유람록 읽기」, 『지리산 유람록의 이해』, 보고사.

강정화, 2016, 「조선조 문인의 지리산 청학동 유람과 공간 인식」, 『장서각』 36권, 한국
　　　학중앙연구원.

강정화·최석기, 2010, 「지리산, 인문학으로 유람하다」, 보고사.

건설부, 1965, 지리산지역 종합개발계획조사보고서.

곽재용, 2010, 「땅이름 '지리산' 고찰」, 『지명학』 17, 한국지명학회.

국립공원관리공단, 2018, 국립공원50년사(1,2권).

국립공원관리공단, 2014, 반가워! 반달가슴곰.

국립공원연구원, 2018, 지리산국립공원 정밀식생도.

국립공원연구원, 2016, 2015년 연구과제 성과 자료집.

국립공원연구원, 2011, 지리산국립공원 자연자원조사.

국립수목원, 2014, 한국의 숲(1) 변화하는 환경과 구상나무의 보전.

국립진주박물관, 2009, 지리산.

국민대학교 국사학과, 2004, 지리산문화권, 역사공간.

국민재건운동본부 지리산지역개발조사연구위원회, 1963, 지리산지역개발에 관한 조
　　　사보고서.

권동희, 2012, 한국의 지형, 한울

기근도, 2017, 「지형학으로 풀어본 지리산인문학」, 『지리산인문학 학술심포지엄 자료
　　　집』, 지리산국립공원사무소.

김경렬, 1987, 지리산(1),(2), 일중사.

김기주, 2013,「지리산권의 서원과 성리학의 전개」,『지리산의 종교와 문화』, 지리산권
　　문화연구단.

김아네스, 2011,「지리산 산신제의 역사와 지리산남악제」,『남도문화 연구』제20집.

김아네스, 2008,「고려시대 산신 숭배와 지리산」,『역사학 연구』제33집, 호남사학회.

김양식, 1998,『지리산에 가련다』, 한울.

김종원, 2013, 한국식물생태보감, 자연과생태.

문동규·박찬모 편저, 2017, 지리산과 구례 연하반, 경상대학교 경남문화연구원.

문호성, 2017,「지리산 성모사」,『지리산인문학 학술심포지엄 자료집』, 지리산국립공
　　원사무소.

박성환, 1966,「지리산공비토벌작전 전모」,『세대』4권·통권31호, 세대사.

박영철, 2019,「지리산 외 지역에 반달가슴곰 개체군 형성의 필요성」,『반달가슴곰 서
　　식권역 확대에 따른 대응전략 토론회 자료집』, 이상돈 국회의원·반달곰친구들.

박찬모, 2011,「탐험과 정복의 전장으로서의 원시림, 지리산」,『한국문학이론과 비평』
　　제51집, 한국문학이론과 비평학회.

손경석, 1984, 회상의 산들, 사현각.

신용석, 2016. 국립공원 이해와 관리, 자연과생태.

신용석, 2013,「지리산국립공원 노고단의 근·현대 역사와 훼손지복구사업」,『국립공
　　원연구지』4권4호, 국립공원연구원.

신용석 번역·편집, 2004, 곰에 관한 글모음, 국립공원관리공단 지리산남부사무소.

신용석·정혜종·오재성, 2018,「지리산국립공원 청학동 거론지의 장소이미지 강화방
　　안」,『국립공원연구지』9권2호, 국립공원연구원.

60대산회 엮음, 2003, 1960년대 한국의 산악운동, 조선일보사.

이성부, 2002, 산길, 수문출판사.

전병철 옮김, 김선신 편찬, 2017,『두류전지』, 경상대학교출판부.

정치영, 1999, 지리산지(智異山地) 정주화(定住化)의 역사지리적 연구, 고려대학교대
　　학원 박사학위논문.

조영달, 2018,「현대사회의 지식인과 선비정신의 사회적 재해석」,『21세기와 남명 조

식』, 역락.

조정래, 1989, 태백산맥(9권), 해냄.

지리산국립공원사무소, 2017, 대원사계곡 스토리텔링.

지리산국립공원사무소, 2017, 신성한 숲을 이고 있는 유평.

지리산국립공원사무소, 2017, 지리산국립공원 50주년 기념사업 백서.

지리산국립공원사무소, 2010, 지리산 이천년, 보고사.

지리산지역개발조사연구위원회, 1963, 지리산지역개발에 관한 조사보고서.

최근덕, 2009, 「고운 최치원의 생애와 사상」, 『고운 최치원의 종합적 조명』, 고운국제교류사업회 편찬, 문사철.

최두성, 2010, 해운 최치원의 생애와 유불선 융합론, 성균관대학교대학원 석사학위 논문.

최석기, 2019, 「지리산 덕산동의 문화원형과 명소의 의미」, 『2019 지리산학술심포지엄 자료집』, 지리산국립공원경남사무소.

최석기, 2010, 「지리산유람록을 통해 본 인문학의 길 찾기」, 『지리산 그곳에 길이 있다』, 국제학술대회 자료집, 지리산권문화연구단.

최석기 외 옮김, 2007, 선인들의 지리산 유람록, 돌베개.

최화수, 1990, 지리산365일 2권, 다나.

한규무, 2010, 「지리산노고단 선교사휴양촌의 종교문화적 가치」, 『종교문화연구』 15권, 한신대학교 종교와문화연구소.

다음 블로그, 「서복, 지리산 그리고불로초/ 권무일」 2018.9.11

동아일보 1958.11.17.

부산일보 1964.11.5.

국립공원연구원 보도자료(2019.4.22.)

Soule,M., 1986, Conservation biology and the real world.